自適農の地方移住論

Jターン28年の暮らしから

西山敬三

創風社出版

はじめに

私は二〇一三年七月に『自適農の無農薬栽培』(創風社出版)を出版した。「自適農」とは私の造語で、二〇〇四年以来、私のホームページ茅茫庵「自適農の世界」の中で使い始めた言葉である。その中で「自適農」について詳しく定義した。

簡単に言ってしまえば、「何物にも束縛されず心のままに楽しむ」農行為のことである。この農行為の中には、農耕・農作業など栽培行為と、農的生活の二つの側面があるが、前に出版した『自適農の無農薬栽培』は栽培行為に限定した内容であった。今回の出版で意図したのは、私自身の農的生活に関するものである。タイトルを「自適農の生活」とせず、「自適農の地方移住論」としたのは、「生活」にしてしまうと、今日の農業が抱えている問題の本質に迫る論理が展開できないと考えたからである。

というのは戦後、地方から多くの農業者が農業を捨てて都市に移住したが、この大移動、大移住の原因となったのが、地方の農家の生活崩壊だったのであり、地方移住について語ることは地方の農的生活について語ることだからである。

地方移住について私が殊更に言及するのは、今日、大都市に住む若い人たちの中にも地方移住の願望があると言われているからである。地方の暮らし、地方の過疎化、人口の大都市集中、先行きが見えにくい日本の社会や経済について、あまり知識を持たない若い人たちに、わずかでも情報を提供しておきたいというのが、私の思いである。情報は様々な立場から提供されている。情報は誰が発信しても一面的であり、不十分なものである。この発信も一面的であることを免れることはできない。だからこそ、この出版にも意義があると思っている。

この本の原稿を書き上げるため、私は二〇一六年四月から一年間、新設された愛媛大学社会共創学部の社会人講座「社会共創クリエイター育成プログラム」を受講して、その場で出版を公言した。自分に出版を迫るためである。併せて、前著の出版において大変お世話になった笠松浩樹先生には、その後も何度か私の考えを聞いていただき、ご意見を賜った。また、育成プログラム受講中には、香月敏孝教授にも拙稿に関するご意見をいただくことができた。前著の出版に関して大きなご援助を頂いた愛媛大学農学部森賀盾雄元教授にもお目通しいただいた。この場を借りて先生方に深く感謝申し上げます。

二〇一七年九月

自適農の地方移住論――Ｊターン28年の暮らしから

目次

自適農の地方移住論 ── Jターン28年の暮らしから

1 移住ということ

この頃、「移住」という言葉をよく見聞きする。似た言葉に「移民」という言葉がある。どちらも場所を変えて住むことであるが、新しい居住地が外国、海外であるとき「移民」が使われ、国内である場合には「移住」が使われるようだ。

日本国内では、戦後数十年間に地方から大都市に夥しい人々が移住したにもかかわらず、私の記憶違いかもしれないが「移住」という言葉はあまり使われていなかったような気がする。しかし、この頃はテレビで移住をテーマにした番組が目立つし、新聞などでも記事としてよく取り上げられている。この場合、地方から大都市への移住が取り上げられることはあまりなく、都市から地方へと移住することがテーマである。テレビや新聞では珍しいことが取り上げられ、いくらでもある事例は取り上げられないから当たり前のことではある。この移住は、Uターン、Jターン、Iターンなどと表現されるが、大まかに言えば、地元に帰ることがUターン、地元ではないが地元に近い都市部に移住することがJターン、過去に住んだことがない地域への移住がIターンと表現されている。

実は、私自身も愛媛県で生まれ、大学卒業するまで県内で育ち、卒業とともに東京に移住し、三十九歳のとき愛媛県に戻ってきたJターン者である。育ったのは現在の大洲市であり、戻ってきて住み始めたのは松山市だから、UターンではなくJターンなのである。

居住地を変えることは、理由もなく行われることは殆どなくて、何かしら大きな理由があると言ってよい。居住地を変えることは誰にとっても人生の大きな転機である。大きな会社や組織に勤務していて遠隔地へ「転勤」を余儀なくされる場合には、移住という言葉はあまり使われないが、これも移住ではある。自分の意に沿う転勤もなくはないが、多くの場合、転勤には精神的負担が伴う。自分で転勤を申し出る場合もあるが、上からの命令であることが多く、都市から地方への転勤命令が出ると「左遷」といった屈辱的表現がなされることもある。家族を抱えた者が転勤するとなると、本人だけでなく、家族にとっても大問題である。子供の転校を憂えて、妻や子供を残して本人一人が転地することも多く、単身赴任と表現されている。転勤命令に不満があり、受け入れることができなくて退職する人もある。ときには、部下を辞めさせるために、転勤命令を出すという意地悪な上司もいるらしい。悪意に満ちていても転勤理由を用意して命令を下すのだから、どうしようもない。私自身は大きな建設組合に十四年半、地方の会社に十九年半勤めたが、転勤は一度もなく、幸か不幸か、どちらの場合にも仕事内容に変化はなかった。慣れた仕事をずっと続けていればよかった訳である。

「居場所を変える」ということなら、自分の家の中で自分の部屋をあちこちと変えるということもあるし、職場は同じなのに住む家をあちこちと変える転居もある。私は子供の頃自宅の四つの建物を移りながら過ごしたし、東京に住んでいた十六年半の間に九回の引越しをした。松山市にJターンしてからは三つの住居を移動した。

規模をとてつもなく大きくしてみると、歴史の中ではゲルマン民族の大移動とか、ヨーロッパ人のアメリカ大陸やオーストラリア大陸への大規模な移動があるし、アフリカ黒人のアメリカへの移動（これは拉致か？）や、十九世紀から二十世紀にかけてのアフリカ大陸や東南アジアへの欧州人の植民的移動もある。戦前に日本が行った満州開拓による移動もある。いや、もっと大きいのはアフリカのある地域で生まれたといわれるホモサピエンスが、長い、長い年月をかけて地球上の隅々まで移動し住み着くようになったということだ。このような歴史を見れば、居場所を変えるというのは人間の本質の一つかもしれない。

2 移住の動機としての環境、心境の変化

居場所を変える、転居する、移住する、移民するなどと色々な表現があるが、これらは単な

る旅行者としての移動ではなく、居住を目的とした移動である。自主的な移動の場合、目的は様々ではあるが、大まかに言ってしまえば、「新天地を求める」ということである。居住地を替えることによって、それまでとは違った富や価値、あるいはより多くの食料、新しい資源や、新しくて高度な技能や技術等を手に入れ、より幸福な、より満足度の高い暮らしを得ようとするのである。

これらは基本的には自分の欲望のより大きな充足を求めるものであるが、ときとして全く反対に満足度が著しく低下する受動的な移動もある。戦火を逃れて異国に逃げ込む難民や、国を追われて他国に保護を求める亡命者、天災により居住不能になって避難する者、原発事故のような人災によって避難を余儀なくされる者など、自分の意に全く沿わない移動を迫られる場合もある。

転居や移住、移民といった居場所の変更が、個人の自由意思に基づいて行われる場合もあれば、国家や行政の意思に翻弄される居場所の変更もある。移住や移民は国家の政策と関わっていることが多いし、災害によって引き起こされる避難については自治体に従うことが多い。戦前の満州開拓や戦後の南米移民などのように国が深く関わっていて、移民者の夢や希望とは反対に大変な人生が待っていることもある。しかし、政策によって移民者や移住者を送り出して不幸な事態が起きても、国家や政策立案者が責任を取ることはまずない。

自分の家の中で居室を移るとか、今住んでいる町から移動する、別の国に移動するといった居場所の変更は各人の意思または強制力のある国家などの意思によって行われるのであるが、個人の自由意思によって行われる場合、最初の動機はそのときの居住地が居心地悪く感じられるとか、満足で幸福な暮らしを維持できないとか、自分のしたいことができない等と思われているということである。人によってその意識に差があって、漠然とした不満でしかない場合もあるが、移動を実施するときには、多くの場合、明確な意識に変わっている。そして、まさに実施しようとしている時点では、移動先は自分に満足をもたらす場所として意識され、新天地として期待と希望に溢れていることが多い。

自分が住んでいる場所に満足できなくなる理由は様々ではあるが、一言で言えば環境あるいは心境の変化であり、環境や心境の変化に対応あるいは順応できない自分がいるということである。環境は個人からすれば自分と関わりがありながら自分の意思ではどうにもならないと思われる事柄であり、心境の変化とは自分が実現したい夢とか達成したい目標、それまでにできなかった生き方を求めるといったことであり、人の成長や人生経験の集積によって引き起こされることが多い。環境は自然環境、経済環境、職場環境、生活環境、教育環境、人間関係など様々な環境要因が考えられる。

環境や心境の変化があっても、人がその変化に対処でき、対応または順応することができれば、あるいは、その場に住み続けることを意図して努力を続ければ、住み続けることができることも多い。しかし、努力しても限界が生じ、新しい居住地を求めることもあるわけである。

一般的に、人が居住地を変えるということは、国内では殆ど自由に行えるし、国の外でも、目的や手続きが適切であれば、日本のように移民が難しい国があるものの、かなりの程度行える。ＥＵのように加盟国内であれば自由に移住できる地域もある。居住地を変えることによって幸福な生活、満足度の高い生活を求めることは誰にでも認められるべき権利と言えるかもしれない。

環境は住み始めたときには十分満足な環境だと思っていても、人間の様々な活動の結果、ある者には住みやすく、またある者には住みにくく変化していくものである。総じて、そこに住む人の活動は環境を悪化させたいと思って行われるものではなく、改善したいと思って行われることが殆どであるのに、改善の結果、ある者には住みやすく、また他の者には住みにくくなるというのが環境の変化なのである。こうした変化は住民の中に亀裂を生み出し、ときに争いとなり、ときにその場所からの離反を生み出す。

新たな希望や、大きな夢、実現したい目標といったものを自己の成長や経験から生み出した者は、その居場所ではそれらの実現が困難であると思い、その思いに耐えられなくなったときに、実現を容易にすると思われる場所への移動を決意する。

環境や心境の変化は誰にも避けることはできず、生き続けている限り、誰もが日々経験することである。変化に対して、はじめのうちは誰もがその場にいて対処する努力をするが、やがて、その場での努力を続ける者と、離れる者、そして努力も離反もしない者、つまり諦める者、とに別れていくのである。この三者のうちどれが正しい選択かということは人それぞれの考えであり、各人が自分で判断すればよいだけのことである。

3 環境変化の主たる要因

環境の変化は、人々の活動の結果としても引き起こされるが、各個人の活動だけではなく、国家や自治体、企業や団体などの政策、活動によっても引き起こされ、その影響は個人の活動よりはるかに大きい。経済環境、職場環境、生活環境、教育環境といったものは個人の力で変えるには余りにも大きすぎて、国家や自治体、企業、団体などの意思に決定づけられると言ってよいのである。こうした大きな力が、新しい産業やインフラを作り出し、鉄道や道路、新興住宅地、ガス、水道、通信、学校などの整備を行う度に、生活環境が激変する。人々の生活環境を変える最も大きな力は、こうした国家や自治体、会社や団体などにあり、この巨大な力が個人の生活環境を変えているにもかかわらず、その対応は個人に任されているというのが現実なのである。しかし、国家や自治体が政策的に行うことは、国民や住民の選挙で選ばれた首長や議会の議決を経て行われることであるから、多数の国民や住民の了解のもとに行われているということになる。そういう意味では、多くの人々の考えによって環境の変化が起きていると解される。

昭和三十年代、四十年代には大都市近郊のニュータウン開発のように、地方から出てきた人や、民間の狭いアパートに住む人が、比較的住みやすいと考えられる団地に大挙して移動した。ニュータウン開発は国や自治体の政策によるものであったが、入居を決めたのは個人である。しかし、人の移動が直接的には個人の意思によって決められるからといっても、それは個人の意思だけで行われているのではなく、背後に国家などの巨大な力が働いている。一九八〇年代に東京都心から始まった地上げでは銀行の巨大なマネーが動員されて、都心から郊外に向かって地価や建物の高騰が広がり、都心の土地や建物を売却して郊外に新しい建物を建てて住む人が激増し、この動きにより、神奈川、埼玉、千葉あたりの土地や建物まで高騰したが、こうしたことによっても人々の移住が起きるのである。

新しい施設を作ったり、あるいは施設をなくすことによって人の生活環境が変わって、人の居住地の移動を促す場合もあれば、新しい産業を起こすことによって人々を集めたり、産業を廃止することによって人がいなくなることもある。夕張のように石炭産業が廃止された後、鉱夫がいなくなって町全体がひっそりとし、財政破綻した自治体もある。国や自治体の政策により、工業地帯が作り出され、多くの労働者を呼び込んだところもあれば、製造業の不振によって人が減ってしまったところもある。日本が高度成長を続け、またバブル景気に酔いしれていた時代には、企業に対する人々の期待があり、企業誘致を競う時代があった。一時は企業誘致によって雇用が生まれ潤った自治体もあるが、工場の海外移転や海外の企業との競争を余儀なくされる時代に入って、日本企業の経営が悪化し、企業が撤退し、労働者が職を失い、失業者が他地域へと向かう自治体も生まれた。このような企業の誘致や撤退によっても人の移動が起きるのである。

人々が居住地を離れて別の場所に移住しようとするとき、個人は自分の都合で移住を決めているようにも見えるが、背後に国家や、自治体、大企業、団体などの政策や活動が人の動きを作り出していることが実に多いのである。

この頃よく話題にされる移住に関して言えば、比較的若い世代、二十代、三十代の人々にも都市部から農山漁村地域への移住と移住願望が増えてきているということである。こうした傾向に関して、政府の地方創生という政策や、総務省の地域おこし協力隊の取り組みなどがあるし、自治体にもこれを人口減少による自治体の危機回避に利用しようとする動きが強くなっている。このような政府の取り組みよりも前から、都市住民の田舎暮らし志向は存在していたから、個人の移住願望が先か、政府の取り組みが先かは定かではないが、政府が取り組み始めるとその影響は大きくなる。

4 大都市への人口の集中

私が、本書で取り上げたいと思っている主たるテーマは、大都市から農山漁村地域への移住に関してのものである。しかし、この問題に関して論じようとするとき、ここ十年や二十年の人々の移住に関して論じても肝心なことは何もわからない。少なくとも大都市への人口移動が顕著であった戦後の七十年間を概観しておくことが必要である。

内閣府ホームページ「1．戦後の首都圏人口の推移」に掲載されたデータによれば一九五〇年から二〇〇〇年頃の間に首都圏の著しい人口増加と構成比率の増加が明瞭である。（次頁）

また、このホームページによれば、一九五〇年代、六〇年代の首都圏人口増加に関して「首都圏では、終戦後、特に高度成長期にかけて、地方からの人口の流入が地方への流出を大きく超過して推移し、人口の大幅な社会増が続いた。首都圏人口の社会増は、一九五〇年代前半の五年間に一四七万人、後半には一五六万人であったが、高度成長期が始まった六〇年代前半の五年間では一八六万人、後半にも一三六万人の純流入が起きており、六〇年代の首都圏の人口増加のほぼ半分を占めている。こうした地方圏から大量の人口が流入する、いわば〝向都離村〟

全国及び首都圏人口の推移

年	全国人口 (A)	増減率 (%)	首都圏人 (B)	増減率	構成比 (B/A)
1950	84,114,574		13.050.647		15.5%
60	94,301,623	12.1	17,863,859	36.9	18.9%
70	104,665,171	11.0	24,113,414	35.0	23.0%
80	117,060,396	11.8	28,698,533	19.0	24.5%
90	123,611,167	5.6	31,796,702	10.8	25.7%
2000	126,925,843	2.7	33,418,366	5.1	26.3%
01	127,316,043	(0.3)	33,687,162	0.8	26.5%
02	127,485,823	(0.1)	33,904,514	0.6	26.6%
03	127,694,277	(0.2)	34,147,519	0.7	26.7%
04	127,786,988	(0.1)	34,327,612	0.5	26.9%
05	127,767,994	(△0.0)	34,478,903	0.4	27.0%
06	127,770,000	(0.0)	34,634,000	0.4	27.1%
07	127,771,000	(0.0)	34,826,000	0.6	27.3%
08	127,692,000	(△0.1)	34,990,000	0.5	27.4%
09	127,510,000	(△0.1)	35,080,000	0.3	27.5%
10	128,057,352	0.9 (0.4)	35,618,564	1.5	27.8%

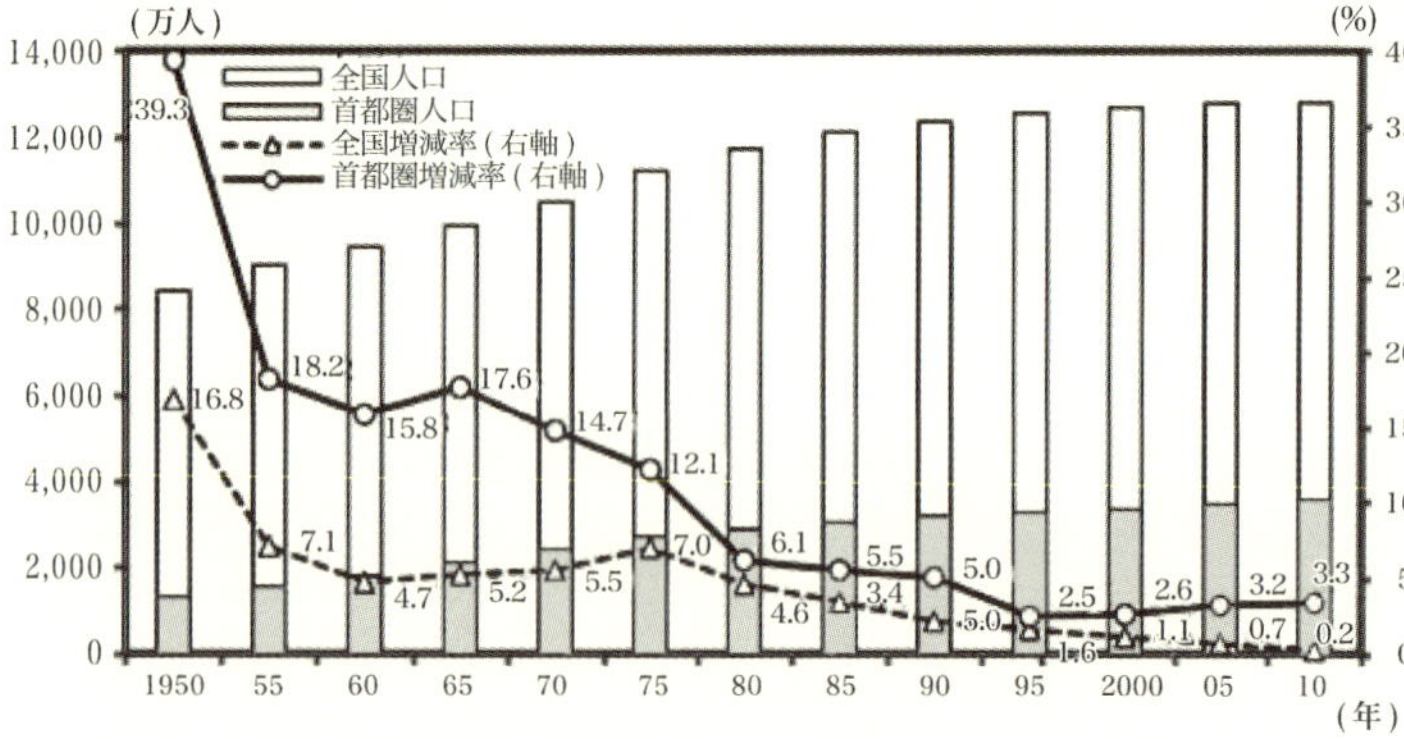

（備考）１．総務省「国勢調査」、「人口推計」より作成。
２．上表の増減率は括弧抜きが対 10 年前の増減率、括弧内が前年比増減率
３．下図の増減率は、直近 5 年間の増減率

出典：内閣府ホームページ
http://www5.cao.go.jp/j-j/cr/cr11/chr11040101.html

の動きが活発で、都市に人口が集中した結果、地方の過疎問題と都市の過密問題が併存する状況が顕在化した。」とある。

このように、一九五〇年代、六〇年代には、地方から都市圏への大量の人口移動があったのである。そして、ここでも指摘されているように、六〇年代の首都圏への人口移動の背景には高度経済成長があった。高度経済成長は政府の政策であったし、企業はもちろん多くの国民もそれに酔いしれた。移動を決意したのは国民一人一人であるが、その背景に国の政策や企業の意図が働いていたことは極めて明瞭なことである。この高度成長期の首都圏における取り組みの象徴的なものは、東京オリンピックや首都高速道路建設、首都環状線の建設、東京タワー建設、東海道新幹線の開通などである。そして高層ビルが次々と建設された。首都圏における建設事業には多くの資金が投入されたが、全国からかき集められた国税が投入されたのは言うまでもない。多額の資金投入は労働需要を生み出し、全国から多くの労働者が集まった。冬に農作業ができない東北地方からは冬の間、大勢の出稼ぎ者が集まった。中学を卒業したばかりの若者が集団就職列車で首都圏に向かい就職した。全国から人が集まると宿舎や住宅の需要が増え、首都圏に集まった様々な分野の人々が住むための住宅として、ニュータウンが次々と建設され、それが更に労働需要を産み、首都圏人口を増加させた。この時期、首都圏は大変な活況を呈していたのである。そして、首都圏の人口増加は、もう一方で地方の過疎化を生み出していたのである。

ところで、首都圏への政府の大規模な投資のもとで、地方の人々がどうして群がるようにして首都圏に移動したのであろうか。当時の農村の暮らしがどのようなものであり、どのように変化していったのかを少し詳しく見てみる必要がある。ここでは、この時期の農村の暮らしを文献や記録ではなく、私自身の経験と記憶を辿ってリアルに表現しておきたい。私自身の経験によってはいるが、ここで起こったことは日本全国いたるところで同様のことが起こったと認識しているからである。

5 誕生から幼少の頃のわが家の暮らし

集落の人口

私は昭和二十四年、一九四九年の生まれだ。戦争が終わって五年目に入り、隣国、中華人民共和国が誕生した年である。愛媛県喜多郡（現在大洲市）の山中の集落で自給用の米と現金収入用のミカンを主生産物とした農家の次男として生まれた。当時この集落には一〇戸の家があった。N姓が二戸、H姓が三戸、T姓が三戸の他、O姓一戸とOK姓が一戸あり、同姓の家はそれぞれ血縁関係にあった。当時の集落人口は六〇名くらいだったと思う。T姓の一戸とOK姓の一戸は一人暮らしの男の老人世帯であった。現在の戸数は三戸、人口は七人程になっている。七人の内五人は六十歳を超えている。

私の実家は私が高校のとき、この集落を離れ、海と国鉄（現JR）駅に近い所に移った。しかし、田畑、山林が山の中にあるのでこの集落とは切り離しがたくつながっている。現在この集落では、どこの家も跡継ぎの長男が住んでいないという状況になっている。

集落の位置と交通

集落は、現在の大洲市にある。海辺のJR駅から林道があり、車でこの林道を登っていくと途中に一つの集落があり、これをさらに登っていくと標高三五〇m位のところにこの集落が見えてくる。現在は車が走れる道路になっているが離合は譲り合いをしなければ通れないくらいの狭い道路だ。私が生まれた頃にはこの道路は無く、あまり曲りくねることのない山道が山の斜面に作られていて、人は歩いて行き来をしていた。道の様子はちょうど石鎚登山口の土小屋や石鎚神社から二の鎖あたりへと続く登山道より少しましな程度の道だった。道の曲り角がゆるやかになっていたのは、木材を海辺の道路や鉄道まで運ぶとき、曲り角で困らないようにしていたからだと思われる。

この道で木材を運び出すとき、当時は牛や馬に引かせるか、「ジゴロ」と呼ばれる大八車を使っていた。大八車にはブレーキはついていたが動力がなかった。それ故、道は平坦であるよりも傾斜がある方が良く、ましてや僅かな上り坂でもあると大変困るのだった。牛や馬に引かせるときは、数本の木材に「テンコロ」という金具を打ち込み、鎖を通して纏めて地面を引かせていた。牛馬にとっても平坦な道や上り坂は引きにくく、まっすぐな下り坂の方が引きやすかったのである。ミカンを出荷するときは木板で作られたミカン箱に詰め、梯子のような長い荷台をつけた大八車にのせ、その上にミカン箱を幾つも載せて山道を下っていた。

また、「フネ」と呼ばれる四つの木の車がついた道具も利用されていた。大八車もフネも動力がなかったが、大八車は二輪でブレーキがあり、フネは四輪だがブレーキがなかった。大八車は後方で操作したが、フネは綱やボロ布で作られた帯を肩にかけて前方から引っ張りながら運んでいく。ブレーキの代わりに棒を持っていてスピードが出すぎるとフネの前に棒を立てて減速させていた。フネの車輪は大きな丸太を厚さ五センチ程度に切ったもので、真ん中に穴をあけて軸に差し込んで使われていた。ちょうど、穴を小さくしたバウムクーヘンのような形をしていた。ジゴロと呼ばれる大八車やフネは動力がなくても、坂を下るのにはそれほど力はいらない。しかし、家に持ち帰るときには荷物はないのに、山道を登っていくので大きな力が必要だった。それで、ジゴロは牛に引かせたりしていた。フネは背負って持ち帰っていたから、休み休みしながらの帰り道だった。

その他、索道が利用されていたが集落の住民が使える索道は、海辺から集落までの中ほどまでしか作られていなくて、半端な使い方がされていたが、動力が使えるので、下から上に向かって肥料袋のような物を運ぶときにはよく使われていた。また集落より更に上方の山から木材を切り出すときには、その都度索道が引かれていた。索道というのは二本の太いワイヤーロープと二本の細いワイヤーロープを平行に張り、太いワイヤーロープに滑車をひっかけてこれに荷物を括り付けて運ぶという大きな設備である。太いロープは固定されているが、細いロープは動くようになっているので、細いロープで荷物を引くのである。ロープウェーやリフトの少し簡易な設備と思って貰えばいい。便利な面もあるが危険もあった。

自動車が走る道路ができるまで
使われていた傾斜のある道。

荷物を運ぶとき、場所を選ばず使われていたのは「オイコ」とか「ショイコ」と呼ばれる道具である。リュックサックのように肩にかけて使うが、背中には袋ではな

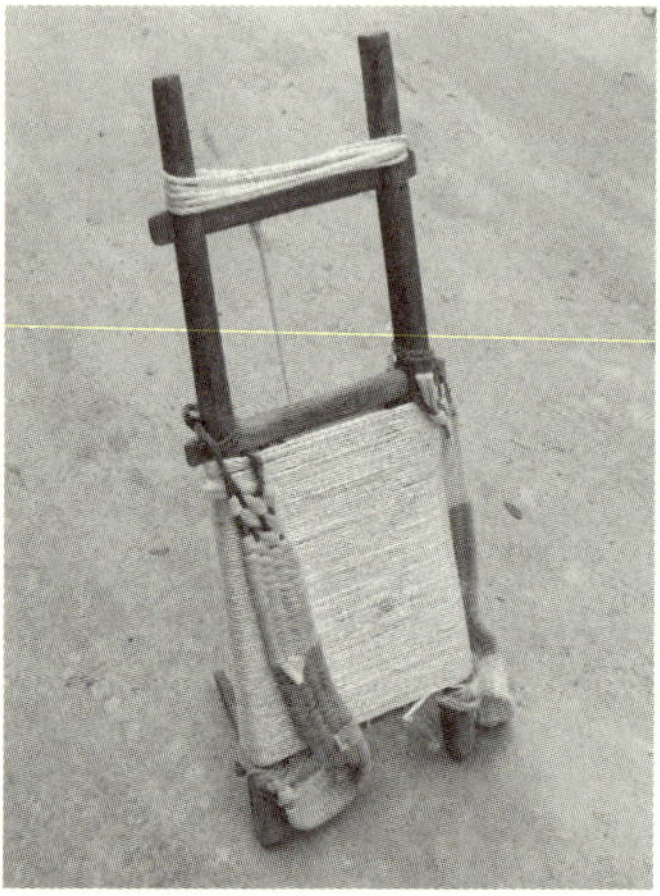

オイコ。リュックサックを背負う要領で、２本のベルトを肩にかけて背負う。荷物は背面にある縄でくくり固定する。

く、背中にあたる部分が縄でグルグル巻かれたＬ字型の木製の道具で、どんなものでも背負える便利な道具だ。肥料袋や、俵、稲藁、薪、ミカン箱、鎌、鋸、鍬など、何でも背負うことができた。ときには、子供をこれで背負うこともあった。山や田畑に出かけるときは、大人はたいていオイコを背負っていた。

海辺には鉄道と、車両が走れる県道があり、鉄道の駅もあったが、この駅から集落までは普通に歩いて登ると大人の足でも四十分から一時間程度かかった。下るのにも歩くと三十分、駆け降りても二十分くらいはかかった。私が物心ついたころの鉄道は蒸気機関車に五、六両の乗客用の車両を繋いだものだった。人がいっぱい乗っていて乗車口にも人がしがみ付いて乗っていた記憶がある。駅には駅舎があって五、六人の駅員が働いていた。

海辺と鉄道に並行して県道があって自動車が走っていたが、舗装はされておらず、自動車は土埃をたてながら走っていた。乗用車は少なくて、トラックのような物資輸送用の車両の通行が多かったように記憶している。舗装されていないので雨が降れば水たまりができ、穴ができているので晴れの日でも自動車はガタゴトと揺れながら走っていた。

集落の各家をつなぐ道路は道路と言えるものではなく、人が二人並んで歩ける程の道幅さえなかった。一人が歩くのに不自由はないという程度の広さだったのである。そして平坦な道は少なくてどの道にも傾斜があった。人々の行き来は、物を運ぶときでもオイコが主たる道具だったので、あまり広い道は必要なかったのである。

家畜

一人暮らしの家は例外として、どの家にも牛が飼われていた。稲作をするためには鋤や馬鍬を使う必要があり、牛にはこの鋤や馬鍬を引かせていた。稲作にはかなり広い田圃が必要であり、人の力だけで田を耕すことは出来なかったからである。馬に鋤や馬鍬を引かせることもできたが、馬を飼っている家はこの集落にはなかった。牛を動力として使うのは田植えの時期だけで他の季節にはあまり必要なかった。しかし、牛は力を出さないときでも餌を食べさせることが必要で、草を刈り取ってきて食べさせるとか、稲わらを刻んで食べさせ、ときには米糠や雑穀を混ぜて食べさせることもあった。年中食べて糞を出すので、この糞が牛糞堆肥作りに利用された。この牛糞堆肥は様々な作物を作るときに利用され、貴重な肥料の役割を果たしていた。牛は大半がメス牛だった。オスは気が荒くて扱いにくいことと、メス牛は子を産むという利点があったからである。

　牛の他、鶏がどの家でも飼われていて卵を産ませていた。鶏は金網で作られた鳥小屋で飼われることが多かったが、日中は鳥小屋から外へ放して、文字通り放し飼いにされることもよくあった。鳥小屋に閉じ込めてばかりいると餌をしっかり与えなければならないが、外に離すと自分で虫やミミズ、草などを食べ、ニワトリにとって良い食べ物が確保できるという利点があったのである。日中外に放しても夕方になると小屋に戻ってきた。たまに事故があっても放しておくことの利点の方が多かったのである。私の祖父は夜も金網の小屋の中にさえ入れず、住居の中にある土間の天井近くに鶏用の箱を取り付け、箱の真ん中あたりに止まり木を作ってそこで眠らせていた。この鶏箱は高いところにあったが、地面から止まり木まで棒を斜めに立てかけておくと鶏がその棒に乗り、歩いて登っていくのだ。鶏はどこの家でも五羽から十羽程度飼われていた。

　その他の家畜としてはヤギを飼っている家が二、三戸と豚を数頭飼っている家が一戸あった。ヤギは乳を搾るため、豚は肉用として売るために飼われていた。春になると、時々ミツバチが集まってきて家の軒先などで塊になることがあり、これをミカン箱などに入れておくことがあった。そうすると蜂蜜が採れたのである。

　我が家には鉄砲はなかったが、二戸が空気銃や猟銃を持っていて、冬になると鳥を撃ち、イノシシ狩り、ウサギ狩りなどをしていた。イノシシが集落の周りにいることはいたが、田畑を荒らすほどの頭数はいなかった。

農産物

どの家も、農作物を作って生活しており、農業以外の職についている家はなかった。農作物は、米、麦の他、大豆、小豆、ソラマメ、うずら豆、唐黍、高黍、粟、黍などの穀物を作り、野菜では、キャベツ、白菜、大根、カブ、ニンジン、ゴボウ、ネギ、キュウリ、カボチャ、ナス、ホウレンソウ、シソなどが作られていた。その後、トマト、ピーマン、スイカなどが栽培されるようになった。穀物、野菜の他にサツマイモ、ジャガイモ、サトイモ、コンニャクなどの芋類が栽培されていた。穀物や野菜は売り物にすることはあまり無くて、殆どが自給用として消費されていた。売り物として栽培されていたのは、主として温州ミカンである。自給用の果実として、夏みかん、レモン、ネーブル、伊予柑、小蜜柑、ユズ、橙、ザボン、金柑などの雑柑と、栗、ビワ、スモモ、桃、クルミ、甘柿、渋柿、梅、イチジク、ナシ、ユスラウメ、グミ、ナツメなどがよく植えられていた。果実ではないが、茶を飲むために茶の木が畑の隅などに植えられていた。

作物以外には、蕨、ゼンマイ、タケノコ、ミツバ、セリ、フキ、ツワブキ、ウド、土筆、イタドリ、ミョウガなどの山菜の他、山芋、アケビ、イノビヤ、クワの実、シイタケ、シメジ、マツタケなどを採取して食べていた。

農作業

今想像すれば、農家だから米作りに沢山の時間が費やされたと思われるかもしれないが、稲作に家族みんなが集中するのは梅雨時に行われる田植えと、収穫・脱穀の時期に限られた。水田は集落から一キロ程離れたところにあり、棚田になっていた。集落の各家の水田はほぼここに集中していた。水は上から下に向かって流れていくので、上の田から作業が進められた。

稲作の主要な作業は、苗つくり、代掻き、田植え、草取り、水の管理、稲刈り、脱穀、籾摺り、精米といったものだが、田植えと稲刈り、脱穀は手間がかかり、大変忙しいので家族やときには親族まで集めて行われた。代掻きも大変な作業で牛を使って行ったが、どの家でも牛が一頭しかいないので、男一人でやっていた。草取りは複数でやっていたが、さほど忙しい作業ではなかった。水の管理も通常は一人で十分であり、精米も一人で出来た。籾摺りは倉の中に設置された籾摺り器を二人の力で回して行われ、戸外での作業が出来ない雨の日などに行われた。精米には、集落共同で使っている精米所の精米機を使っていた。この精米機は電動モーターと二つの石臼、二つの鉄製の杵で作られていたが、一度の精米に一時間くらいかかった。

田植えと稲刈り、脱穀は手間がかかって人が動員されたが、大勢の作業なので楽しい作業でもあった。日頃家から離れた場所での作業には、弁当持参で出かけたが、この田植え、稲刈り、脱穀作業のときは、普段顔を合わせない者も集まってくるので、いつもとは違ったご馳走が作られ、賑やかな昼食になった。田植えは代掻きが終わった田んぼに素足で入り、縄を張って規則正しく苗を植え付けた。足元の悪い田んぼの中で一本一本苗を植え付けていくので、時間がかかった。稲刈りは一株一株を片手でしっかり握り、鋸鎌で刈り取っていくが、数が多く、田植え同様腰を屈めるので大変な作業だった。刈り取った稲は十株位をまとめて稲わらで結び、これを集めて稲木にかけて乾燥させ、脱穀を待った。脱穀の動力は人の足だった。鉄製の突起が沢山ついているドラムを足踏みで回しながら、手で稲束をドラムに当てて籾を落としていった。脱穀は田んぼの中で行われたが、脱穀された籾は俵に詰められ、オイコで背負って家まで歩いて運んだ。一日に何度も家と田の間を往復するのである。総じて稲作の中で人や家畜の力以外の力が利用されていたのは、精米だけであった。

　稲は夏の間に育つが、麦は冬に育ち、五月頃収穫する。麦は水を抜いた水田でも栽培できるが、この集落では水田は使わず、畑だけで栽培していた。麦は大麦と小麦でどの家でも大麦が多く、小麦は少なかった。大麦は米と混ぜて麦飯にして毎日食べていたから消費が多く、小麦はパンや饅頭、揚げ物等に使われたが、毎日食べるものではなかったからである。麦は畑を鍬で耕し、溝を作って種を蒔き、冬には足で踏みつけ、草取りをし、収穫期を待つ。収穫は、刈り取って束にし、乾燥させてから穂の部分を焚火に当てて筵の上に落とし、これをかき集めて、竹で作られた「かりさわ」という道具でたたいて粒にしてから再び乾燥させた。この麦粒を精米所のローラーにかけて少し平たくしてから米と共に炊いて食べた。そのままの麦粒では煮えにくく、食べにくかったからである。小麦は収穫までは麦とほぼ同じだが、粒になった小麦は水車小屋に運んで粉にしてもらっていた。麦作では、肥料として人糞が使われていたことを特に記しておきたい。あちこちの畑で人糞が撒かれ、強い匂いがするので「田舎の香水」などと言われた。人糞は便所に溜められた大便と小便を撹拌し、タゴと呼ばれる桶に入れて畑まで担いで行き、大きな柄杓で作物の根元に撒かれた。

麦は秋から翌年の五月頃まで畑の中にあるが、麦が終わった後はトウモロコシや豆類、芋類、夏野菜などを作っていた。粟や黍、高黍などの雑穀もこの時期に作られた。夏の間に栽培される芋はサツマイモやサトイモで、ジャガイモは二月に植付け、六月頃に収穫した。ジャガイモ栽培は春だけで秋には栽培されていなかった。

農作業によく使われた道具は、鎌や鍬である。鎌には草刈り鎌、木切鎌、ナタ、鋸鎌、大鎌

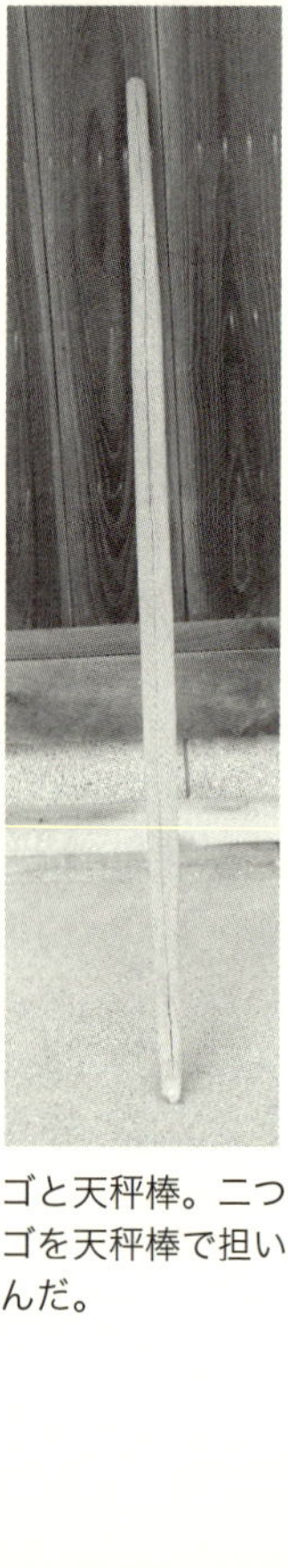

タゴと天秤棒。二つのタゴを天秤棒で担いで運んだ。

などの種類があった。鍬には、三つ鍬、平鍬、のみ鍬などがあり、それぞれ大きさも形も違ったたくさんの鍬があった。これらの農具の特徴は、機械ではなく単なる道具であって、鉄と木で作られていたということである。だから、これらの農具は鍛冶屋が作っていたものである。

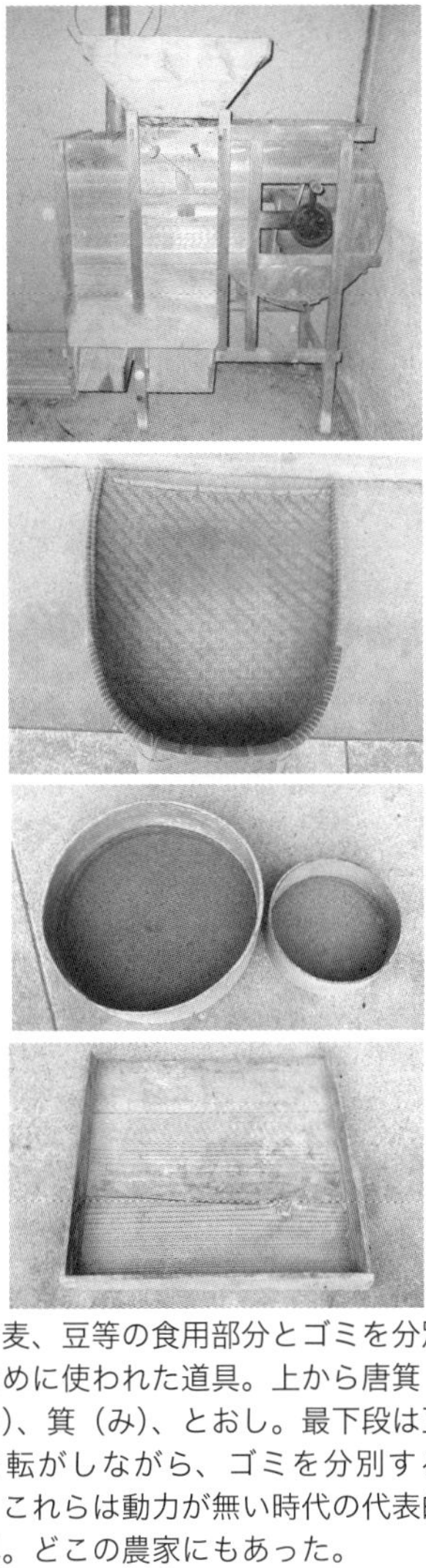

米や麦、豆等の食用部分とゴミを分別するために使われた道具。上から唐箕（とうみ）、箕（み）、とおし。最下段は豆などを転がしながら、ゴミを分別する道具。これらは動力が無い時代の代表的な農具。どこの農家にもあった。

自家加工食品と購入食品

加工食品として、餅、かきもち、味噌、醤油、タクアン、豆腐、コンニャク、梅干し、味噌漬け、ラッキョ漬け、干しイモ、干し柿、そば、団子、饅頭、柏餅、牡丹餅、豆炒り、片栗粉、

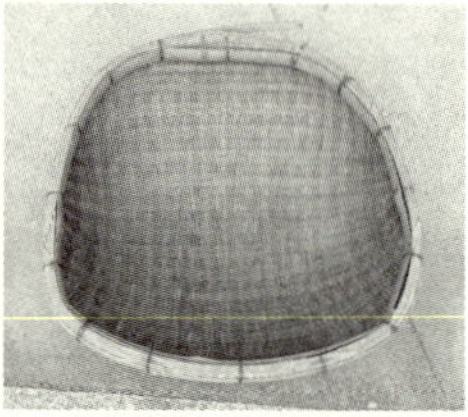
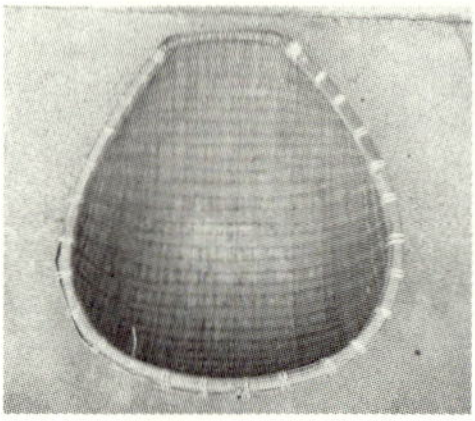

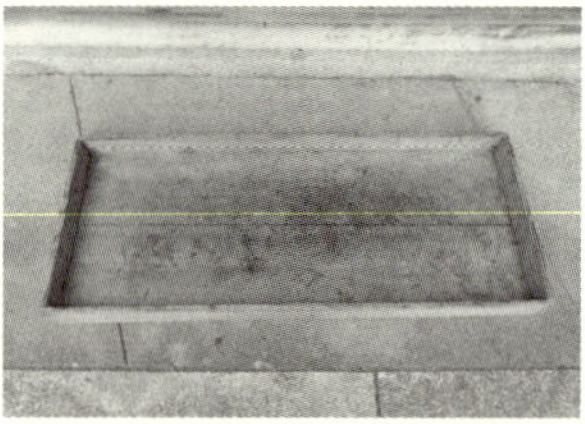
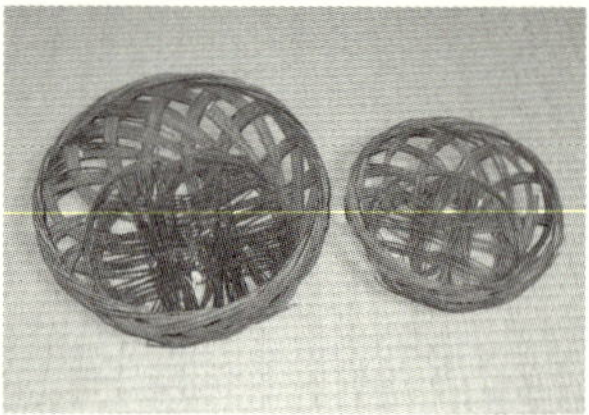

台所や食品加工などで使用された道具。
殆どの道具が石や木、竹などの自然素材で作られていた。

甘酒などを自前で作り、ハッタイ粉、小麦粉は唐黍や小麦を粉ひき屋の水車で挽いて貰って作った。また、菜種を栽培し、種を搾油業者に持って行き、油を搾って貰っていた。

自作ではなく購入していた食品は、酒、酢、砂糖、塩、イリコ、昆布、魚、肉などである。魚の消費は月に数回、肉の消費は年に数回程度で、日常的な食材にはなっていなかった。

採取食材として、量的には多くないが、海岸で採れるワカメやヒジキ、サザエ、アワビ、タコなどがあった。また谷川で採れるモクズガニ、ハヤ、ウナギなども食べていた。

換金作物、樹木

生活財の全てを自給できるわけではないから、現金をある程度確保することが必要だった。私が生まれる前の時代には蚕が飼われていて、これが現金収入になっていたという。その他の収入源としては、木材や木炭、ハゼの実やシキビなどがあったが、金額的にはミカンにはとても及ばない程度であった。たいていの家で、農作物以外に、木材となる杉、ヒノキ、松などの山林と、ケヤキ、山桜、栗、クヌギ、ナラ、ハゼなどが生えている雑木林と竹林があった。草葺の家が多かったころの名残と思うが、共有の茅場もあった。杉、ヒノキ、松などの針葉樹は自分の家を建て替えるときに使用する目的と、売ってお金にする目的とがあった。クヌギ、ナラは木炭にしていた。木炭は殆どの家で自給用として作っていたが、大量の木炭を焼いて販売し現金収入にする人もあった。この場合は自分の山だけでは量が確保できないので、他人の山の木を買って焼いていた。ハゼは蝋燭の原料となる櫨の実を売るためだった。櫨の実は高い木の枝先にあって採るのは危険を伴うので「ハゼ取り」という専門の職人がやってきて採っていた。近隣の町、内子には大きな木蝋業者があった。シキビは自家用として仏壇や墓で使ったが、わが家では祖父が販売用としても栽培していた。

住宅

集落の住宅については、一戸が茅葺の家だったが、他の家は瓦葺だった。倉庫として杉皮の屋根をもつ建物もあった。炭小屋などに使う山小屋の屋根は杉皮がよく使われていた。家を建てる材料は、木材と竹と土と藁の他、瓦と茅だった。瓦を使う場合は瓦を買い、海辺の駅から運び上げる大変な作業があったが、茅葺の家の場合は材料の殆どが集落の周りにあった。木材を製材するときには、移動して回る製材屋を雇っていた。製材屋は大きな発動機と大きな丸鋸を持ってきて、数日からときには一か月程製材していた。材木を製材して、柱材や板材を作るのである。製材が終わり、木材を乾燥させたのち、大工を雇って家の新築や、増改築をしていた。製材屋は三、四人がやってきたが、作業中は自分の家は遠いので帰らず、発注者の家で寝泊まりし、食事もしていた。

建物を作るときは、土台や柱、梁などを組み立てた後、屋根工事を済ませて壁を作るが、土壁は竹を縦横に編み、練った土を塗り付けていった。壁つくりは基本的には左官の仕事だったが、竹を編む作業は建て主が自分たちでやることもよくあった。少しやればだれでも出来るようになった。建物は、住宅であっても、完成までに数年かかるのが普通だった。職人に払う賃金は日当が一般的なので、発注する側にお金ができると工事を進めてもらうというようなやり方だった。完成していない家でも、とりあえず台所や寝室、風呂場を完成させ、座敷などはと

建築年不明、昭和42年まで住んでいて、平成6年頃に解体した。建築材料は、木と竹と土と藁と瓦が大部分を占める。明り取りに僅かなガラス戸があり、座敷や寝室は畳が敷かれていた。この写真は平成5年頃のもの。

この部屋は別棟にあるが、室内は、材木、竹、土、藁程度で作られていた。藁は壁土に混ぜて強度を高めるために使われた。

りあえず作業場として使い、完成を後回しにするといったことがよくあった。

家は、土間になっている広めの玄関、土で作られたカマドや洗い場のある台所、囲炉裏のある板の間、畳が敷かれた寝室や、客間、座敷の他、納戸と汲み取り式の便所、五右衛門風呂のある風呂場などがあった。仏壇や神棚も作られていたが、神棚は座敷に作られていた。

玄関を兼ねた広めの土間は、田畑にでられない雨の日などに作業場として使われていた。縄つくり、俵編み、大量のトウモロコシの皮取り、石臼を使っての粉ひき、餅つき等に使われた。

台所のある部屋には、カマドがあったが、我が家ではハガマ用の焚口が二つあるカマドと大鍋が据えてある大きなカマドがあった。いずれも集落の外れにある赤土の採取場から採ってきた土で作られていた。土に水を加えて練り、この土でカマドを作っていた。カマドでは燃料として薪や木枝、杉葉が使われていた。カマドには煙突がなく、煙が部屋の中に充満した。また部屋全体が煙で煤け、黒くて暗い部屋になっていた。

台所の隣には、囲炉裏のある板間の部屋があった。十畳くらいの部屋で、多いときは十人程の家族が囲炉裏を囲んで食事をした。囲炉裏は火を焚くところなので煙が出、天井は無く、煙が屋根の上に出ていくように隙間が作られているので、火を焚かないと寒い部屋になっていた。真夏以外は火を焚いていた。囲炉裏では、お茶や湯を沸かし、鍋で煮炊きをしていた。また、焼き網を使って、餅や魚を焼くこともあった。囲炉裏での燃料は炭よりもクヌギなどの小枝が使われることが多く、煙がよくでていた。

寝室は、畳が敷かれていて、布団で寝ていた。ベッドのある家はなかったように思う。夏は暑いので敷布団にゴザを敷き、毛布や薄い布団を掛ける程度にし、蚊が出るので蚊帳を吊って寝ていた。

客間は玄関の土間から上がれるように作られ、客のないときは自分たちで使っていた。泊客が来たときはこの部屋だけでなく、座敷も使っていた。座敷は床の間に天照皇大神の掛軸がかけられ、祭りや宗教儀式、結婚式、葬式などに使われ、普段はあまり使わない部屋になっていた。座敷の周りが縁側になっていて、座敷と縁側は障子で隔てられ、縁側は板戸で囲まれていた。夏は板戸と障子をあけ放つと涼しい部屋になった。

便所は、多くの家で、家の中と家の外の二か所に設けていた。家の中にある便所は夜でも使いやすく、外の便所は仕事中でも土足で使うのに便利だった。便所は土を掘って大きな壺をつくり、粘土質の土で壺の表面を固めて尿が土の中に染み込まないように作られ、その壺の上に建物が建てられて、床には長方形の隙間をつくり、そこにまたがって用を足すように作られていた。外便所の場合、男が小便するときは、建物の中には入らず、外から直接壺の中に向かって用を足していた。この便所で大便をすると壺に溜まっている小便が跳ね返るとか、小さな子供が壺に落ちたという話もあった。大小便をこの大きな便壺に溜めておくのは、畑で肥料として使うことがもう一つの目的だった。これは、回虫などの寄生虫が人体に寄生する原因になっていた。

風呂は、五右衛門風呂で、薪を焚いて沸かしていた。水道はなく、谷川そばの水タンクからバケツで運んでいた。風呂を沸かすのは大変なので回数は多くはなかった。

家の中には、各部屋に裸電球が一個ずつ点けられていたが、一〇ワットから六〇ワットくらいの電球で一〇〇ワットは少し贅沢だと思われていた。

水

重要なインフラとしての水道は無く、谷川そばに作られたタンクに谷から竹樋で水を引き、溜まった水を台所や風呂場にバケツで運んでいた。風呂の水汲みは子供の仕事になることが普通だった。風呂は毎日ではなく、一週間に一、二回程度だった。普段の日は谷川そばの水タンクの前で足や手を洗う程度だ。朝の洗顔もここでしていた。寒い冬には、お湯を沸かして洗面器で顔を洗い、湯を雑巾桶に入れ、足を洗うこともあった。洗濯は木製のタライにお湯や水を入れ、固形の石鹸や洗濯板を使って洗っていた。

谷川の流水を使って、岩の上で洗うこともあった。庭には竹の物干し竿がかけられていて、衣服を竿に通して干していた。洗濯鋏などはなかったが竿に通しているので、飛んでいくことはなかった。谷川の水は煮炊きやお茶に使われたが、そのまま飲むことも普通に行われていて、特段腹を壊すということはなかった。台所には大きな水瓶が置かれていて、川の傍からバケツで運んで水を溜めていた。溜めておくことで不純物は沈殿し、きれいな水になっていた。

集落の西側に位置する我が家は、「西の川」と呼ばれる谷川から水をとっていたが、東側に位置する家では「東の川」と呼ばれる小さな川にタンクを作って水を溜め、六、七戸の家が利用していた。多くの家で利用している東の川の水の管理は、利用者が共同で管理していた。

家のすぐ側にある谷川の水を溜めていた小さなタンク

板と竹で作られたタライ。水をいれ、洗濯板を突っ込み、衣服に石鹸を擦り付けてから、手でゴシゴシ洗っていた。

6、7戸の家が共用していた御影石作りの水タンク。東の川と呼ばれていた。

燃料、エネルギー

食事を作るための熱源や、暖房、風呂を沸かす熱源となっていたのは、樹木の葉、小枝、薪、そして樹木から作った木炭だった。樹木の葉は主に杉の枯葉で、杉林を通る小道で拾ってきた。

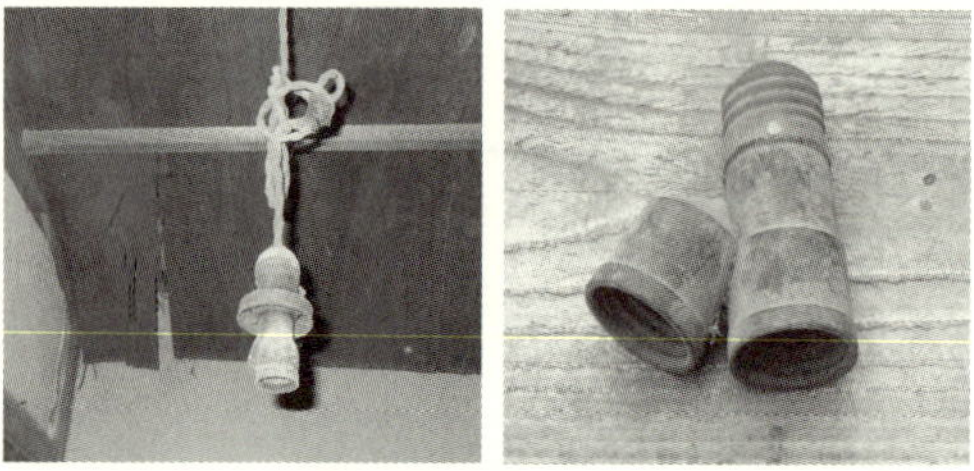

二股ソケット。電気は天井からつるされたソケットから取っていた。用途は電球で明かりを取ることが主だったが、ラジオなどの電源をこの二股ソケットにプラグを差して取っていた。

小枝は樹木を伐採したときに枝をかき集めて束にして保存していた。薪は雑木を伐採して四、五〇センチの長さに切り、割って積み上げておきながら乾燥させていた。炭はクヌギやナラ、栗などのブナ科の樹木を炭窯の中で炭化させて作っていた。焚き木や炭の材料となる樹木は所有している山の木を使い、炭焼きも自分でするのでお金はかからなかった。どこの家でも杉葉、小枝の束、薪、炭等の保存小屋があって、大量に確保されていた。

料理はカマド、囲炉裏、七輪などで煮炊きをしていた。ハガマ、鍋、網、フライパンなどが使われていたが、ガスや電気は使われていなかった。部屋の暖房には火鉢の中で木炭が使われた。

電気は各戸に引かれていたが、明かりをとるための電球とラジオに使われていただけである。時々停電になった。停電になったときには、蝋燭をつけて復旧を待った。

この集落には共用の精米所があって、電気モーターを使って臼でコメをつき、白米にしていた。稲や麦の脱穀、籾摺りにはまだ動力は使われておらず、足踏みの脱穀機が使われていた。

動力エンジンで動く機械は何もなかったのでガソリンや石油の消費もなかった。また、ガスはどこの家でも全く使われていなかったので、山林がある農家では燃料・エネルギー費はほんの僅かであった。

情報

集落の人々の情報源は新聞とラジオ、手紙やはがき、そして集会所になっていたお堂での会合や、立ち話である。込み入った話をするときは相手の家に行き話し込んでいた。また、年に何回か、お宮などで行われる「おこもり」といわれる食事を伴った会合での雑談が情報交換の場になっていた。田畑での仕事中でも、人が通りかかると座り込んで世間話が始まることがよくあった。一時間、二時間に及ぶことも珍しくなかった。

真空管が使用されたラジオ

新聞は、郵便配達員が毎日配達してきた。ラジオは一家に一台か、せいぜい二台程度で、携帯ラジオはなく、ニュースや声だけのドラマ、落語、歌謡曲などを放送していた。人気番組があるときは、家族がラジオの周りに集まって聞き入っていた。

手紙やはがきは郵便配達員が配達してきたが、東京や大阪とのやり取りには三日前後かかっていた。個人がやり取りする手紙やはがきは手書きが多く、印刷物は会社の挨拶状などに限られていた。

電話は無くて、緊急を要する連絡手段は電報だったが、電報は配達員が山道を歩いて届けていた。

家族構成

各家の人数は其々ではあったが、何代も続いている家は三世代で一緒に住んでいる家が多かった。何らかの事情で一人暮らしになっている人もいたが、その人にも集落の中か、近隣の集落に血縁者がいて高齢になると血縁者が面倒をみていた。三世代を祖父母、父母、子とすると、祖父母の子供が未婚や未成年の場合は一緒に住んでいる場合が多くあり、叔父叔母と一緒に暮らす子供も多かった。結婚しても子供が出来なかった夫婦は養子をとることが多かった。家系を絶やさず、土地を守るという意識が強く、兄弟が多くて親の財産を継げない子供が養子に出されることが多かった。家族が多くて三世代が共に暮らしていると、農業を営む上では利点が多かった。農繁期など手が必要なときに間に合うからである。また、子供を育てる上でも、誰かが代わって面倒をみることが出来、好都合だった。多世代が同居していると、年を取ってからの暮らしも安定する。祖父母が年を取ると、多くの場合別棟に移って隠居となる。仕事は後継ぎが中心となってするが、隠居しても必要なときは手伝う。年をとっても多少の貯金を持っていれば、家もあり、農家なら食料もあるので気楽な余生を送ることもできた。

三世代同居が当たり前のようになっていたので保育園も老人介護施設も無かった。必要が無かったのである。

祖父の事業、下駄工場

私の祖父は、同じ集落の他の家と少し違った事業をやっていた。祖父の長女が町中に嫁いでいたが、その家の稼業は下駄を作っている工場経営だった。実体的には嫁ぎ先の人たちが経営していたが、この工場は有限会社になっていて、社長は私の祖父だった。それで、わが家と祖父の長女の嫁ぎ先の関係は非常に深くなっていて、工場の従業員を含めて行き来の多い日常を作り出していた。

6 小学生の頃のわが家の暮らし

私が小学校に入ったのは昭和三十一年四月、卒業は昭和三十七年三月である。一九五六年から一九六二年のことだ。一九五九年は現在の天皇が美智子皇后と結婚式を挙げた年であり、一九六〇年は日米安保条約改定と反対運動があった。それも含めて、この六年の間には物凄い変化があった。政治の世界だけでなく、人々の暮らしの中の変化こそ見落とすことのできない大きな変化であった。

私の記憶にある家の中の変化のうち、おそらく最も早かったものは茶の間と呼んでいた部屋の真ん中にあった囲炉裏が掘り炬燵に変わったことである。囲炉裏では炭ではなく焚き木が焚かれていて部屋の中に煙が立ち上り、部屋の中は黒く煤けていた。かなり長い年月をそうしていたので天井からは煤（スス）がぶら下がっていた。この囲炉裏を潰して掘り炬燵にし、熱源として炭火を使うようにした。これによって煙や煤が出ることはなくなった。昭和三十一年のことである。

茶の間の隣には土間があって、この土間は台所になっていた。台所だから、食器の洗い場とカマドが二か所あった。洗い場には、大きな甕が置かれていて、谷川の水が溜めてあった。谷川の水は竹樋でタンクに溜められ、タンクから甕まではバケツで運ばれた。二つあるカマドの一つは直径が一メートルほどある大鍋がかけてあり、もう一つのカマドには二つの焚口があった。一方の焚口には十人家族のご飯が炊ける大きなハガマがかけられ、もう一つの焚口には小さ目のハガマや鍋がかけられるようになっていた。いずれのカマドも家の近くで採れる赤土を使って作られていた。このカマドを作ったのは祖父だった。カマドでは火が焚かれるが煙突が無く、煙が部屋に充満しないように格子の入った窓があった。ガラスで閉じている訳ではないので冬には冷たい風が入っていた。

囲炉裏を無くして掘り炬燵にした後、この土間の台所が作り替えられた。台所の改造は画期的なものだった。それまでの土間より面積を広くし、大きなガラス窓が東面と北面につけられ、ハガマをかけるカマドはコンクリートで作られてタイルが張られ、鉄製の扉が付けられた。そして室内に煙が充満しないように煙突が付けられ、煙は戸外に出るように作られた。流しと呼ばれた洗い場は大小二つが作られ、パイプから流れてくる水が蛇口から出てくるようになり、甕は不要になった。二つの洗い場に挟まれてタイル張りの調理スペースが作られたので、洗い物や、まな板をおいて調理するのが便利になった。谷川の水をバケツで運ぶのではなく、蛇口から水が出るようにするため、それまで使っていた谷傍のタンクより一〇メートルほど高い場所に水が十倍ほど多く溜められる新しいタンクを作り、そこからビニールパイプで台所まで水が来るようにしたのである。台所が新しくなって、赤土で作られていた焚口二つのカマドは取り除かれた。しかし、大鍋用のカマドは残した。台所は、大きなガラス窓で明るくなり、戸外の風の侵入が無くなって冬でも暖かくなり、カマドに煙突が出来て煙が充満することが無くなり、水道と流しを作ったことで取水と排水が楽になった。それまでの台所に比べてはるかに快適な場所になった。

囲炉裏が掘り炬燵になってもこの炬燵が利用されたのは僅かな期間だった。

台所があった土間が広くなり、土で作られたカマドが取り除かれたことにより、空きスペースが出来たので、ここに、鉄製のストーブが設置された。ストーブの周りに家族みんなが座って食事が出来るようになった。イスに座るのではなく、床に座った。このストーブには鍋を二つかけることができ煮炊きにも便利なものだった。網をおいて色々な物を焼くこともできた。燃料は当初、薪を使っていたが、暫くして祖父が代表取締役をしていた下駄工場ででてくるオガ屑を利用した。雑木の切断、薪割をするのは子供の仕事だった。掘り炬燵になった囲炉裏と囲炉裏があった部屋は使うことが減った。室内を暖かく出来ない掘り炬燵と違って、ストーブは部屋全体を暖めるのでずっと快適な暮らしになった。この時代には、ストーブの無い部屋で冬に暖をとるには火鉢が使われていた。四、五人で囲んで使える大きな火鉢と二人で使える程度の小さな火鉢がいくつかあった。火鉢で使われる燃料は木炭で、木炭は祖父たちが作っていた。
台所には新しいカマドが作られ、鍋がかけられるストーブも設置されたが、小鍋をかけ、焼き物をするために七輪が使われていた。七輪では、餅や魚、トウモロコシ、ふかしイモを焼き、フライパンで卵を焼き、炒めもの、揚げ物を作り、小鍋で汁物を作った。燃料はもちろん、木炭である。七輪は買ってきたものだが、木炭は自家製だった。

七輪（右）と火鉢（左）。七輪は炭に火を起こして使う。網を置いて、餅や魚、トウモロコシなど、いろいろなものを焼いたり、小鍋をかけたり、フライパンで卵を焼いたり、天婦羅を揚げたりした。火鉢で使う炭に火を起こすときにも使われた。火鉢には7、8分目まで木灰が入れられていて、真ん中に火を起こした炭をおいて部屋を暖めたり、手をかざして寒さをしのいだ。

新しい台所で、初めのうちはカマドでご飯が炊かれ、ストーブや七輪で煮物、焼き物、汁物などが作られていたが、何年もしないうちに電気炊飯器が発明されてこれを購入し、ガスコンロが購入され、ご飯は電気で、煮物、汁物などはガスによって炊かれるようになった。カマドが電気炊飯器に替わることによって、薪を作る手間が減り、火加減を気にする必要が無くなった。ガスコンロになったことで木炭が不要になり、七輪で木炭に火を起こす手間が省け、火力の調整が簡単になった。炊事に関わる手間が減り、他方、炊飯器やガスコンロの購入費用と電気、ガス代が必要になった。炊飯器の購入は昭和三十四年、ガスコンロは三十六年か三十七年だった。

台所の改造によって炊事の仕方が大きく変わったが、同じ時期に風呂場の改造もした。風呂場の改造はそれまでバケツで水を入れていたのが簡易水道に代わり、蛇口から水が出るようになったのが大きな違いだったが、この風呂場にはやがて電気洗濯機が置かれ、タライや洗濯板の出番が無くなっていった。風呂は引き続き五右衛門風呂だったので燃料は薪を使い続けた。洗濯機は購入費がタライよりずっと高価で、電気を必要とするので電気代が増えた。

炊飯器、洗濯機などと時期を同じくして、居間にテレビが置かれた。昭和三十四年だった。それまではラジオをよく聞いていたが、ラジオを聴くことが激減し、テレビを観るようになった。子供だった私は九時ころまで観て寝たが、大人は放送が終わる午後十一時ころまで毎晩観るようになり、夜の時間が長くなった。テレビは高価な買い物でもあり、テレビにも居間の明かりにも電気が必要なので、電気代が増えた。

その他の電気製品として、電気炬燵が使われるようになり、これによっても電気代が増えた。昭和三十五年には、電話機能をもった有線放送がはじまり、急速に普及したが、通話ができる地域は町内に限られていた。

農家の中にそれまでは見ることの無かった動力エンジンのついた機械が入ってきた。耕運機や発動機である。耕運機はその文字の通り、土を耕し、物を運ぶという機能を持った機械である。

それまでは田や畑の土を起こすのは主として人や牛がやっていて、たまに馬を使っていた。物を運ぶのも人や牛、馬の力に頼っていた。耕運機は左右に二つのタイヤがついていて、前後に荷台を取り付け、大きなハンドルを両手で握り、人は歩きながら物を運んでいた。しかし、ま

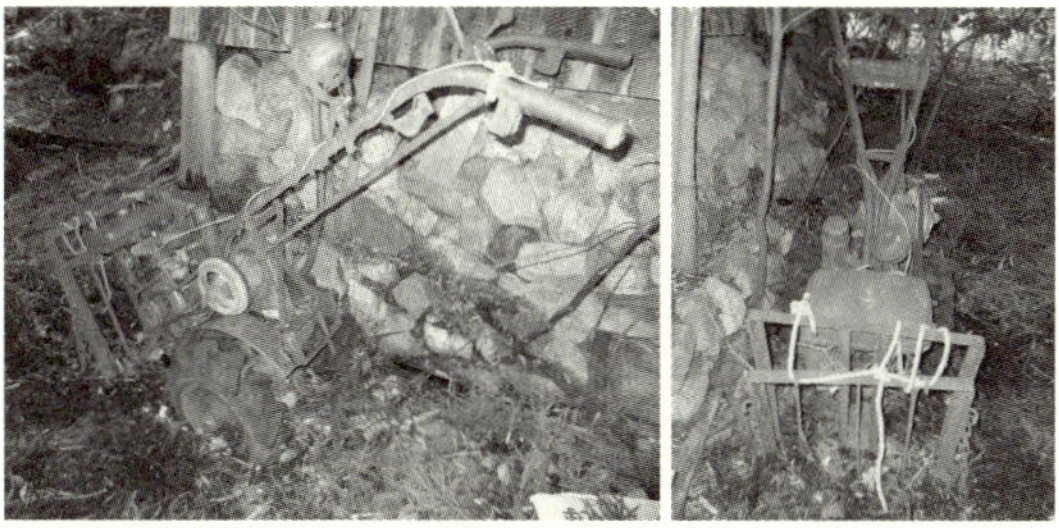

昭和 30 年代の耕運機。平成 29 年 5 月撮影。

上の写真の耕運機の後方につながれたトレーラー。昭和３６年頃の写真。トレーラーには収穫されたミカンが入った箱が積まれている。女性たちはミカン採りの手伝いに来た人たちである。顔の表情には明るさが感じられる。

もなくトレーラーをつないで荷物をたくさん積むようになり、人はそのトレーラーに座って運転するようになった。田や畑で土を起こすときは耕運機の前方にある荷台を外して重りを着け、後方の荷台を外して鋤や馬鍬を取り付け、ゴムタイヤを鉄の羽が数枚付いた車輪に取り換えて使った。耕運機を購入したのは昭和三十四年頃である。

耕運機が農家に入ってくると、同時に農家から牛が居なくなった。土を耕し、物を運ぶための力だった牛や馬の出番が無くなったからである。牛にはもう一つの役割があった。牛糞堆肥を作るという役目であるが、当然ながら牛がいなくなると牛糞堆肥が作れなくなった。牛糞堆肥が作れなくなると化学肥料の購入がこれに変わった。

発動機はミカンなどの消毒・農薬散布のときに使う噴霧器の動力源として、また稲や麦の脱穀機の動力源として使われた。発動機は個人での購入ではなく、集落での共有で、一二台あった。発動機の導入とともに、噴霧器や脱穀機といった機械が入ってきたが、これは個人で買う家もあれば、共同で購入するものもあった。足踏みの脱穀機はうち捨てられ、発動機によって稼働する高価な脱穀機に変わった。

耕運機にトレーラーを付けるようになって、道を新しくする必要が生まれた。それまで集落から県道のある海辺までの道は、だいたい真直ぐに作られていて、急坂が多かったが、耕運機にトレーラーを引かせるには坂を緩やかにする必要があった。それで、急な坂道のある所は大きく蛇行した新しい道が作られた。しかし、幅は一台が通れる程の幅しかなく、舗装はされていなかった。新道の工事は「出合い」というやり方で作られた。出合いというのは、集落の各家から一人ずつ出てきて、無賃で共同作業をすることである。道路を作るときだけでなく、なおすときや草刈りの他、水の管理や共有林の苗の植え付け、下刈りなど集落の共同作業が出合いによって行われた。一時期、みかんの木に大きなシートを被せてガスを入れ、虫や細菌を駆除するというやり方があったが（ガス燻と言っていた）、こういうときも人手がいるので出合いという形で行われた。出合いというのは集落の維持に不可欠の共同作業を行う場であった。耕運機にトレーラーをつけ、道がなおされ、また新しくされたことによって、荷物の運搬が楽になった。荷物だけでなく、人が歩いているとトレーラーに乗せて走るようになった。そして、耕運機とトレーラーの導入前に使われていた大八車やフネは使われなくなった。

動力がついた農薬噴霧器やトレーラー、草刈り機などが普及して農作業がはかどるようになるのと共に、ミカン畑の面積も増えた。雑木林がミカン畑になり、麦畑や雑穀が作られていた畑、ミカン以外の果樹園がミカン畑に変わっていった。

今述べてきたように、私の小学生の頃には、家の中の暮らし方も、農作業のあり方も、交通も、情報もそれまでとは格段に違う便利なものになった。農作業に機械が導入され、化学肥料や農薬が頻繁に使用されるようになって農業生産は向上し、農業収入も増え、これによって家の中の暮らしの改善や交通の改善が出来たのである。

7 中学、高校生のころ

中学生の頃（昭和三十七年から三十九年）は農業生産がさらに向上し、暮らし方が改善され、東京オリンピックも開催された。開催に呼応するように、農家にもカラーテレビが入り始めた。一台三十万円もするようなテレビが買われるようになった。

私が高校に通う頃になると、世に自動車が普及するにつれ、集落にも舗装された新しい道路が作られ、各家が自家用車を購入し始めた。しかし、自家用車は軽トラや軽自動車が多く、普通乗用車はかなり裕福な農家に限られた。新車は高いので中古車を買う人も多かった。新しい道路は、それまでの道づくりが出合いによって作られていたのとは違って、建設業者によって施工された。

昭和四十年になり高校に通っている頃、集落の中で一つの変化があった。ある家の主が、弁当を持って毎日松山方面に出稼ぎに出るようになったのである。私は松山の高校に通うため朝六時ころに家を出たが、この人も同じ時間に家を出て同じ列車に乗って通い始めた。家を出るのは六時頃だが松山駅に到着するのは八時頃で毎日往復四時間ほどの通勤通学時間がかかっていた。数年後、この家は農業を止め、一家あげて松山に移住した。また、この家の他にも、農業の跡継ぎがいなくなった家もあった。

この集落の農家の暮らしは実はこのあたりから下降が顕在化し始めていたのである。農村、農業の近代化はこの時期にはほぼ完了していたと言ってよい。この時期以後に導入された機械などは買い替えが主で、画期的な機械導入などはあまりない。

私の兄は昭和二十一年二月生まれで、四学年上だったから私が高校一年のときには既に高校を卒業し、家業の農業を継いだが、主生産物だった米とミカン中心の農業から、やがて稲作を止め、しばらくすると水田をキウイフルーツ畑に変え、木炭用として使われていたクヌギの木はシイタケ栽培に使用するようになった。愛媛県はミカン生産日本一の県であったが、ミカンに対する不安が広がり始めていたのである。兄は農業高校を卒業して家業の農家を継いだ数年後に稲作を止めたが、止めた直接の理由は稲作が嫌いだったということだと思う。兄は田植え作業中に、こんな作業は嫌だと言って、作業を放り出して家に帰ったことがある。私もその場にいたからびっくりした。水田の面積は集落では一番広い面積を所有していたから米の収量は多かったが、この稲作を止めて米を買って食べるようにしても困らない程度にミカンによる収入が獲得できるようになっていたということでもある。この頃になると、以前に栽培していた麦、小麦、黍や高黍、粟、ソバなどの雑穀の栽培が消え、トウモロコシの栽培も激減し、小豆、大豆の栽培が減り、豆腐、コンニャク、味噌、醤油、ソバ、ハッタイ粉などを作らなくなり、雑穀入りの餅や、保存用の水餅、かき餅なども作らなくなっていた。豆腐、コンニャク、味噌、醤油、ソバ、ハッタイ粉などは買って食べるようになったのである。雑穀の栽培が消えた主な理由はそれらの用地がミカン畑に替えられたということである。小学生半ばまで朝夕に食べていた麦ごはんは電気炊飯器が入った頃に消えていた。作物の中心は換金作物であり、金にならない作物や加工品はやめて、購入するようになったのである。果樹でもかなりたくさん作っていた富有柿は金になりにくくて、面積を半分以下にし、ミカン畑にした。軒先を囲むように吊るされていた干し柿は、ほんのわずかになった。

私が高校生だった頃には、農村の近代化はほぼ完了し、農作業も農家の暮らしも激変していた。農家も含めて人の暮らしは良くなったようにも見えたが、心の中には不安が広がる時代になっていたのである。それから数年経つと、「三ちゃん農業」という言葉をよく聞くようになった。「三ちゃん」とは「爺ちゃん、婆ちゃん、母ちゃん」のことであり、「父ちゃん」が抜けている、つまり一家の主が農業を離れ、外に稼ぎに出るようになったことを表現していたのである。また、「専業農家」という言葉と「兼業農家」という言葉もよく使われるようになった。専業農家とは主たる収入を農業で稼ぎ、兼業農家とは農業以外の収入を得て生計を営む農家のことである。戦後間もなく農地解放によって日本の農家はみんな自作農になったが、農業では生活が成り立たず、外に働きに出る農家が増えたのである。

農村の暮らしの中に近代化が持ち込まれ、農家もこれを歓迎し、農業収入が増え、農作業が楽になり、生活が改善された筈なのに、いつの間にか農家の大黒柱が農業を離れ、他の仕事につき、農村の人口が減り始め、「過疎」という言葉が広がっていた。

なんで、こうなったのか？　おかしくはないか？

もし、あなたが、大都市から、地方に移住しようと思うなら、この問題に明確な答えを持っておく必要がある。この理由を理解せず移住を実行したら、必ず痛い目に合うと思うべきなのである。

8 農村近代化以前のこと

農村の人口が減り始めた理由を考える前に、そもそも人はどうして地方に住んでいたのか。まずはここから見ておく必要がある。

私は、旅行にはお金がかかるので、Ｊターンしてからは四国の外はなるべく控え、四国の海辺や山の中、町や村をいっぱい訪れた。手段は車だった。平成元年にＪターンしたので、高速道路はまだほんの少しで、瀬戸中央自動車道は開通していたが、明石海峡大橋、西瀬戸自動車道は完成していなかった。平成に入ってからも四国の道路建設はあちこちで続けられ、海辺や山の中にも広い道路がたくさん作られた。これらの道路を走ってみると、実に色々なことが分かってきた。松山市からは高松方面に向かって国道11号線が走り、高知方面に向かって33号線、南予に向かって56号線が走っている。今治市に向かっては196号線と317号線が走っている。

山の中を走る幹線道路は、多くの場合、川筋、谷筋を走り、高い山や峠を越えなければならないようなところではトンネルが掘られ、距離と時間が短縮されている。川に支流があるとそこから支流沿いを走る道路が県道として作られていることが多い。道路が分かれるような所には人家が集まっていることが多い。このような集落に「落出」とか「落合」といった名前がついていることがあるが、あちこちの集落から出てきた人々がそこで落ち合うという意味が込められているのであろう。幹線道路沿いにはいたるところに人家や町がある。これらの人家や町があるところの便利を図って幹線道路が作られたということもあるが、逆に道路が作られたから人家が作られ、町になったということもある。これらの人家や町は幹線道路を走っているだけで目につくが、実はこの道路を走っているだけでは見えない人家や集落があるのである。幹線道路には所々に脇道がある。あらかじめ何らかの目的があってその先の集落を認識していることでもない限り、ドライバーは殆ど無視して走るのであるが、その脇道に入ってしばらく走り続けると視界が開け、集落が見えてくるのである。これらの集落は川底を走っていく国道からは殆ど見えない。これらの集落は川底ではなく山の中腹とか、山の上のなだらかなところにあって、視界が開け、見晴らしが良いところが多い。そして、これらの集落からは、あちこちの山の中腹にある他の集落がいくつも見えるところがよくある。川底を走る幹線道路からは見えない集落が、山の上に行ってみると実によく見え、山の中でもこんなにたくさんの集落や人家があるのかと驚くほどである。昭和三十年代以降に作られた幹線道路沿いには新しい家もかなりみられ、幹線道路から見えない集落にも建て替えられた新しい家をたまに見ることが出来る。しかし、戸数が増えるほどには建てられていない。幹線道路沿いに建てられた比較的新しい人家は、幹線道路から見えない集落から引っ越してきて建てられたものが多いように思われる。

ところで、今の時代ならともかく、車が走る道路が無い時代から、人々はどうしてこんな山の中に住み始めたのだろうか。どう考えても不便である。

歴史をさかのぼると江戸時代の前期、十七世紀には日本の各地で新田開発が盛んに行われていた。各藩は実質的な石高を増やすために新田開発を進めたのであろう。平野部だけでなく、山の斜面であっても谷川があり、棚田が作れるような所なら、どんな所でも厭わず開発したのである。現代のように重機のない時代にさぞかし大変だったろうと想像したくなるが、田畑を開発するのはそれほど大変なことばかりではなく、やってみると実に楽しい。稲が育つ田んぼや芋や野菜、豆が育つ畑を思いながら進める開墾作業は人の気持ちを高揚させるのである。今のように大きな機械を投入してやろうと思えば、機械を運ぶための道路が必要だが、鍬やツルハシ、鋸や鎌といった道具で開墾し、牛や馬の力を利用して耕すのであれば、広い道路は必要ではなく、山道があれば十分なのである。そのような山の中で家を作りたければ、材料の木材や茅、土などは周りにいくらでもある。エネルギー源となる枯れ木はいくらでも調達できる。季節の木の実や山菜もまわりで調達できる。この時代に生きる人間に必要な資源の多くは植物であり、植物は太陽のエネルギーを受けて、繰り返し、繰り返し再生するのであり、山の中は人が生きていくのに必要なものを生産し続けてくれるのである。植物だけでなく、イノシシやタヌキ、ウサギ、鹿、野鳥など食材となる動物も沢山いる。山の中は人が生きていく上で実に豊かな場所なのである。

江戸時代の前期はこうした新田開発によって、日本の隅々に人が住みつくようになり人口が増える時代になったのであるが、この開発が隅々にいきわたると新たな開発が出来なくなり、江戸時代の後期には人口の増加は見られなくなり、明治に入ってから増加し始めたと考えられるのである。

幕末から、とりわけ明治に入って、西洋の文化や科学、技術、法制度などが取り入れられ、行き詰っていた江戸後期の閉塞的気分が解放された。近代化がすすめられるにつれ、日本の人口は増え始め、富国強兵策が取られて、昭和の戦前戦中期には「産めよ、増やせよ」と号令がかけられ、一組の夫婦が一ダースの子供を産むというようなことが珍しくなくなった。因みに明治生まれの私の祖母は十二人の子供を産んだと聞いている。富国強兵策に関して特に記しておきたいことがある。あちこちの集落には人家だけでなく、墓地がある。その墓地に一際大きく見える墓石がいくつも見えるのである。所々で、この大きな墓石が他の墓石とは離れて建てられていることもある。この墓石は戦争に駆り立てられ、戦死した若者の墓なのだ。どこの集落にもこのような墓をいくつも見ることが出来るのである。私の小中学校の同級生のある家庭では、三人の戦死者を出したと聞いた。私が生まれる前であるが、私の父の弟も戦死した。

9 戦後の人口移動、地方から首都圏へ

今思えばとても不便で何もないように思える農山村が、近代化以前には人が暮らすには大変豊かなところであり、江戸時代前期にはどんどん開発されてきたこと、明治以降は富国強兵策の元で人口が増えてきたことを見てきた。

ところが、前述のように（4 大都市への人口の集中）、戦後、首都圏への人口移動が起こり、首都圏の人口過密と、地方の過疎が生じたのである。首都圏でなく、東京都に限ってみると東

京都における人口増加は戦前からのものであり、終戦を迎える昭和二十年に限って人口の甚だしい減少が起こっている。敗戦色濃く、東京大空襲の中、地方へと多くの人が疎開したことが理由であろう。したがって昭和二十一年から二十八年ころまでの首都圏の人口増加は疎開していた人たちが戻ってきたということが主たる理由と考えられる。しかし、東京の人口増加は戦前から一貫したものであり、神奈川は戦後まもなく、千葉、埼玉を含めると高度成長期が始まった昭和三十五年あたりから急増し始めるのである。ここで論じようとしている「移住論」には、地方から首都圏への人口移動と地方の過疎化について、私がどのように捉えているかを示すことが必要である。

戦前の富国強兵策が、人口増加を求めていたことは先に触れた。その政策のもとで農村でも沢山の子供が生まれた。農家には子供が沢山生まれると不都合なことが一つある。農業を営むには農地が不可欠である。増えた子供に均等に土地を分け与えていくと、子供たちは狭い農地しか確保できず、農業で暮らすことが難しくなるのである。だから農家は通常、長男が引き継ぎ、次男以下は大工や左官のような職人になるとか、町に出て工場や商店で働き、家の家計が裕福で成績優秀な者であれば学校に行き、役人や学校の先生になったのである。工場や商店、学校や役所は地方の町や松山市のような都市にもあるが、一番多く集まっているのは当然ながら首都東京だった。県庁所在地のような地方都市にも県内の若者などが集まり、人口が増えた時期もあるが、この場合他県からの流入は多くない。しかし、首都である東京には全国各府県から人が集まってくる。農家も含めて、子弟が東京を目指し、そこで仕事を見出そうとしたことは当然のことである。地方の多くの若者が東京を目指したのは戦前も戦後も同じである。

だが、農家を継がない子供たちが果たした役割は、戦前と戦後では大きく異なっていた。戦前には、戦争に勝つために人や金が使われた。敗戦後の日本は戦争のために人や金を使うのではなく、代わりに経済発展に力を入れ始めた。それはやがて「経済戦争」とまで言われるようになる。では戦争に勝つための機関銃や戦車、軍艦や戦闘機を作る代わりに戦後は何を作りだしたのか。自転車やバイク、自動車等の交通手段、そしてそれを走らせる道路、大量輸送の鉄道や船舶、電気洗濯機や炊飯器、テレビ、掃除機、冷暖房機などの家電製品や、コンピューター、そしてそれらの機器製造のためのオートメーション機器やロボットなどであり、忘れてならないのが耕運機、トラクター、脱穀機、草刈り機、コンバイン、噴霧器、農薬、化学肥料などの農業関連商品なのである。そしてまた、人口移動や増加に伴う住宅やビルの建設である。

戦後の経済戦争の舞台はもちろん首都東京だけではない。地方にもたくさんの工場や住宅、商店街、ビル、道路、鉄道などが作られ稼働してきたが、これらの経済活動を担ってきた主要な企業の本社は東京に集中し、東京が日本経済の中心地であったことは言うまでもない。因みに、農業関連企業として愛媛県松山市には井関農機株式会社の本社があるが、本社事務所は東京都荒川区にある。

10 資源、エネルギー、労働力、消費を外国に依存

昭和二十年の敗戦からおよそ十年経って、昭和三十年代に入り、私が小学生だった頃、農村家庭に家電製品が入り、農家に農機具が次々と入ってきて、農家の暮らしが激変した背景とは、実はこうしたものだったのである。農村家庭に入ってきた電気洗濯機や炊飯器、テレビ、掃除機、冷暖房機などの家電製品、耕運機、トラクター、脱穀機、草刈り機、コンバイン、噴霧器、農薬、化学肥料などの農業関連商品を生産する労働力として農家の子弟も多数従事してきたのである。「産めよ、増やせよ」という富国強兵策、軍国主義国家が生み出した農村家庭の子沢山の後始末として、敗戦後この子供たちを生かすためにとられた方策の一つが経済発展、高度経済成長政策、経済戦争だったのである。

農家は、後継ぎが確保できさえすれば、子供の数が少なくても昔ながらの農具を使って暮らしを立てることは十分できた。しかし、子沢山で農家の子弟が農家で暮らしていくことが出来ず、工業や商業部門で働くようになると、その製品を農家が購入することになるのは当然の成り行きである。

先ほど私は自分の幼少の頃の暮らしと、それが大きく変わった小学校の頃の暮らしについて具体的な話をしてきた。だが大事なことは具体例を示すことではない。その変化の本質をとらえることが必要である。

幼少の頃、つまり昭和二十年代の農村の暮らしと、小学校から中学校の頃の昭和三十年代に起こった変化の本質を、農村における画期的な出来事としてとらえることが必要なのである。まず、分かり易い変化の一つとしてご飯の炊き方を取り上げてみよう。二十年代まではご飯は農家が自分で作った土のカマドで、薪を焚いてお釜で炊いていた。しかし、電気炊飯器が入ってくると、カマドの機能を電気炊飯器が果たし、薪の機能を電気が果たすようになったのである。するとカマドの製作費、薪の購入費がそれまではゼロ円といってよかったのに、電気炊飯器、電気になることによって、どうしてもお金の支払いが必要になったのである。カマドは自前で作ることができ、お釜は購入したという事情を含めても、電気炊飯器よりはお釜の方が割安である。

洗濯に使っていたタライと電気洗濯機を比べてみると、電気洗濯機はタライより高価で電力が必要である。谷川でやっていた洗濯では、タライも要らなかった。それまでなかったテレビを買うとその購入費と電気代が必要になる。ガス器具を使うようになると、器具の購入とガスの購入が必要になる。

農作業に関わる機械として、耕運機を使うと高価な購入費とガソリン代が必要になる。足踏みの脱穀機を発動機によって稼働する脱穀機に替えると、発動機の購入費とガソリン代が必要になる。

昭和二十年代までの作業は人や牛の力で行われていたが、三十年代に入ると電気やガス、ガソリンなどのエネルギーを必要とする動力機械によって行われるようになったのである。人や家畜の力で行われる作業は、費用があまり発生しない。ところが動力機械が使われるようになると農家は自分でそのエネルギーを作り出すことが出来ないので購入しなければならなくなったのである。農家が、その地域では確保できない材料と、自分が持っていない技術によって作られた製品を購入するためには、金が必要になる。農家は金が欲しくてたまらなくなった。金を確保するために金になる作物を沢山作るようにし、金になりにくい作物を止めたのである。動力が付いた機械や、運搬できる機械、作物の商品価値を高める肥料や農薬を買う金を確保するために、雑木林を切り開いてミカン畑を広げ、トウモロコシや大豆、小豆、キビ、粟などの雑穀を作っていた畑をミカン畑に替えた。そして自分の家で作っていた味噌や醤油、豆腐やコンニャク、餅を止め、購入するようになった。際限なく、お金が必要な農家になっていったのである。

機械ではなく、鎌や鍬、スコップやツルハシといった道具を使い、人の力と牛や馬の力を使って農業を営んでいる限りでは、土地がありさえすれば、頑張れば頑張るほど多くの収穫物を確保することが出来、豊かな暮らしを続けることが出来た。しかし、機械が入ってくると、頑張れば頑張るほど新たなお金が必要になってくるのである。この問題を解決しようとして、農家は機械やガソリン代に金がかかっても、機械があれば規模を大きくすることが出来、大きくすれば収入も増え、経費を引いても利益が残るという考えに囚われた。そこで農家は規模拡大に取り組もうとした。農政も規模拡大を求めた。規模拡大すれば、短い期間、たとえば単年度ごとに計算すると利益が大きい年度が作れるのは確かである。しかし、十年、二十年と長い期間を通算すると、次第に利益を出すことが困難になってくる。何故か。規模を拡大していくと、商品化された生産物があふれて、価格が下がり、売り手である農家の望む価格が付けられなくなるからである。こうして農政が規模拡大を求めても、農家の暮らしは苦しさが増大したのである。

そして、規模拡大に関して言えば、実は規模の拡大はあまり成功しなかったのである。農作業には機械化などによって省力化できる作業ももちろんあるが、たとえば果樹の選定作業とか収穫のように、人手によってしか実現できない作業が残り、拡大しようとしても限界が生じるのである。規模の拡大そのものに限界があることによって、機械の稼働率が極端に低いという問題もある。水田における田植え機とか脱穀機等のように、高価ではあっても、年に数日、それもほんの二、三日しか稼働しないような機械もあるのである。

しかし、家電製品や農機、化学肥料、農薬などの使用が昭和三十年代に急速に進み、次第に農家の暮らしに暗い影を落とすことになったとはいえ、こうしたことは農家が簡単に受け入れたというよりは、競うように導入したというのが実態であった。昭和二十年代までの農家の暮らしや農作業には汚いとか、体力を要するとか、危険であるといった側面があり、暮らしや農作業を改善するものとして歓迎されたのである。そして、一つ一つ購入し、改善することが自慢でもあった。そうした購入意欲が農村にあったからこそ、昭和三十年代後半からの高度経済成長が実現されたのである。一九五〇年代には白黒テレビ、洗濯機、冷蔵庫が三種の神器と呼ばれ、一九六〇年代にはカラーテレビ、クーラー、自動車（カー）が新三種の神器と呼ばれて、誰もがこれらを買い揃えようと競っていた。

農村は家電製品や農業機械の大消費地となって暮らしの物質的側面での大幅な改善が実現し、日本の工業は飛躍的な発展を遂げることができ、工場や都会で働く労働者の賃金も上がり、農家の子弟たちは将来を農業や農村ではなく、工業や都会に託したいと考えるようになり、山深い農村を離れ都市部へと移動したのである。豊かな農家の子弟や勉学意欲のある者は競うようにして高校や大学に進み、親たちも子弟を学校に行かせようと努力したのである。こうして人々の生活や生産に関わる様々な分野の研究を進め、研究は進むにつれて細分化し、農学の研究一つをとっても、農業経済、農業土木、農業工学、農業化学、園芸、林学などと細分化していった。そして、そこでは、農業生産に励む優秀な農家にとってさえ直ぐには理解できないような経済学者や、工学者、化学者、物理学者、地質学者たちが大勢いて、学んだ学生たちの大半は農業にはつかず、企業や、役所、農業団体などに就職していったのである。農学という名前が頭についていても、農学はもはや農家の学問ではなく、工業や役人、団体の為の学問になっていたのである。

農家だけでなく、地方から多くの若者が都市に向かい、工業を支え、沢山の工業製品を作り、その製品が農村、地方で消費される間は国内での経済が活況を呈していても、地方の人口が減ってくるとやがて工業生産物の消費が間に合わなくなり、日本企業は海外に販路を求め、販路を海外に求めると生産も海外に拠点をおくことになっていったが、これは当然の成り行きである。国内で消費される製品の原材料やエネルギーも海外に依存し、昔から国内にある資源の利用は激減した。工業先進国であったアメリカ同様に日本の企業は多国籍化し、後進国に販路と生産拠点を求めたが、そこは後進国から、発展途上国となり、アジア各国でも多くの国が工業生産能力を高めることになった。

こうして、戦後の日本は近代化を強力に進めながら、資源、エネルギー、労働力、消費を外国に依存する国家となり、国内の農村地域の暮らしを貶めてきたのである。

11 農村の自給生産・自給率の低下と交換（購入）の増大

ところで昭和三十年頃までの農村の暮らしと、三十年以降の近代化が進む時代の変化をもっと端的にとらえるとどういうことになるだろうか。この答えを一言で表すなら、「生活に関わる自給品の比率が極端に低下した」ということである。三十年より以前の農村の暮らしにも貨幣経済はもちろん当たり前のようにあったが、自給経済が三十年以降よりも格段に大きかったのである。農家が生活財や生産財の全てを自給できるわけではないから生産物をお金に換え、その金で必要なものを購入するということはあったが、その比率が違っていたのである。三十年以前には、衣食住に関わる財はその地域、いや地域という以上に自分の土地で確保していたのである。食に関して言えば、米だけでなく、様々な穀物や豆、芋、果樹、海辺や谷川で採れるものの他、山菜や木の実までも食用とし、山林には、杉やヒノキ、松などの住宅建築材料になる樹木の他、クヌギやナラ等の薪や木炭になる樹木を植え、エネルギーまで自給していたのである。農山村には自給経済を営むための資源が豊富で、それ故に人々はこの資源を求めて山の中に入り、住んでいたのである。

自給経済が大きな比率を占めていたとはいえ、自給不可能なものは金が無ければ買えないから、金を確保するために生糸や綿等を作り、絹や綿織物を紡いだりしたが、この場合も使用されたものは動力機械ではなく、人力による機織りであった。機織りに必要なエネルギーも自給だったのである。

しかし、三十年代以降は、農山村に住む者はもっと大きな金を求めるようになり、自給比率を徐々に下げてしまった。つまるところ、生活財や生産財を地元で確保するのではなく、他の地域から買い求めるという交換経済に比重を移したのである。自給経済は資源があるところに住む方が便利であり、交換経済は売りたい物と売りたい人、買いたいものと買いたい人が集まっている所に住むのが便利である。これらの物と人が集まっているのは、町であり、都市である。したがって、農山村に住んでいた住民の一部はそこを離れ、町に移り、さらに大きい都市へと移り、最も大きな都市である東京へと移り、さらには外国へと出て行ったのである。

そして、農家を受け継がない次男、三男、女が町や都市に出ていくのは必然とも言えたが、いつしか長男まで農業から離れていった。

それは何故なのか。交換経済は、当事者が二人いて、一方は売手であり、もう一方は買手である。しかし、売り手は別の瞬間には買手になり、買手もまた売り手となる。常に売手である者も、常に買手である者もいない。人は売手になったり買手になったりを繰り返すのであるから、売られる商品の価値と支払われる金の価値が同じなら、どちらの側にも結果的に利益や損失が生じない。

しかし、商品の価値と価格に設定される金の価値が同じであるかどうかは見極めが不可能だから、通常、買手の側が商品を欲しいと思い、売り手が儲かると思えば交換が行われる。売手の目的は利益を出すことである。商取引で利益を上げやすい商品は希少性の高い商品や便利なもの、珍しい商品、新しい商品、耐久性のある商品などであり、利益を上げにくいのはありふれた商品、傷みやすい商品である。

農家が扱う農産物は、様々な商品の中で最もありふれた商品であり、傷みやすくて希少性が無く、利益を上げるには最も不向きな商品である。農産物は人間が扱う生産物の中で最も古い時代から扱われてきた生産物であり、生命の存続にかかわる財物であるから、不足の無いように生産されてきたし、今日では年間五〇〇万~八〇〇万トンもの食品ロスの元となる商品である。長い歴史の中では天候などの理由で飢饉に見舞われ食料不足となる局面もあったが、戦後の日本人は全体としては、食べるものに不足はなく、毎日莫大な量の食品を当たり前のように捨てているのであるから、農産物はありすぎてどうしようもない商品であり、従ってこれほど利益を出しにくい商品群は他にないと言っても過言ではないのである。

だが、生産能力が高まって商品が有り余り、売れなくなり、利益が出なくなるというのは、農産物に限ったことではなく、殆どの工業製品に見られることである。人や企業はこの問題を解決しようとして、より優れた商品、より安くできる商品、新しい機能を持った商品、これまでに無かった商品を開発しようとする。そのような商品開発のために新しい科学や技術に飛びつく。資本力のある企業は独自の開発研究グループを立ち上げることが出来るが、日本の農家は大部分が個人経営であり、開発に乗り出すには困難が伴う。品種改良や圃場整理などに自ら取り組む農家も無いわけではないが、そのための資金調達や時間の確保には困難がある。商品開発に取り組めば、競争の激化と費用の増大が待っている。問題を解決しようとすると、人は新たな問題を抱え込むことになるのだ。

昭和三十年以降の農家は自給目的の生産を減らし、生活や生産現場で使用する工業製品を大量に買うようになったが、農産物が確保する利益は少なくなり、生活が困窮するようになると、農家を継いだ長男も次第に働きに出るようになり、離農する者が後を絶たなくなったのは当然である。

だが、農家はどうして、自給品の使用を減らし、高価な工業製品を買い求めるようになったのだろうか。

12 豊かだった自給農家

何故、自給農家が減ってしまったのか。

私がまだ小学校に上がる前の農村の暮らしを、私の家の様子を通して紹介したが、その暮らしぶりから「この頃の農家の暮らしは生産量や効率が低く、力仕事が多かった。栽培時に作物が虫に食われるとか、病気になっても対策ができず、あまり生産量を増やすことが出来なかった。頑張って、収穫を多くしても販売するための運搬が大変だった。収穫物を背負うとか、動力の無い車両を使って運ぶのは重労働だった。ところが、工業的に作られた肥料や農薬、動力のついた運搬具はこうした大変さをいとも簡単に軽減してくれたのである。そして、生活の中での囲炉裏の生活や水汲み、薪や炭を使っての調理といった不便な暮らしより、電気やガスを使った便利な暮らしに魅力を感じたからだ。」と、こう理由づければ人は簡単に納得できるかもしれない。しかし、このような説明は実は事態の半分しか見ていない。

何処の農家もそうであったという訳ではないが、自給比率が高かった時代の農家の暮らしは実は悲惨な暮らしではなく、ゆとりのある農家も沢山あり、金を持っている農家も多かったのである。自給比率の高かった時代の農家は貧困な暮らしをしていたのではなく、実は豊かな暮らしをしていた。だからこそ、新しい工業製品が出てきたとき、これを競うようにして買い求め、買えることは自慢であり、従ってあっという間に農村にも工業製品が広がった訳である。いくら新しい物や便利なものが出てきても、農家の懐にゆとりが無ければ家電製品を買うことは出来ないし、広がりもしない。金にゆとりがある農家は、新しい工業製品を買い入れただけではない。持っている金を資本にして、商売を始めたり会社を起こす者も多かったのである。前述したように、私の祖父は昭和二十年三十年代に、下駄を作って売る会社の代表取締役をしていた。

私の母は農家の大正十年生まれで終戦時には二十四歳だったが、その母に子供の頃の暮らしはどうだったかと聞いてみたことがある。母の母、つまり私の母方の祖母は母が小さいときに亡くなっていたが、母の答えは「暮らしに困るようなことは何もなかった。」というものだった。

私が卒業した小学校は一八七六年（明治九年）に開校し、二〇一一年（平成二十三年）に閉校したが、閉校を記念して記念誌が発行された。この記念誌には明治四十四年以降の全ての年度の卒業生の集合写真が載せられている。この写真に写っている小学生の服装を見ると戦争中以外は人々の暮らしがかなり豊かなものであったことが窺われる。ただ、昭和二十年の写真をみると、子供たちの足は裸足で藁草履を履いていて、戦争中は相当悲惨な暮らしだったことが窺われる。

左は、座敷で行われた宴会での膳。今日よく見られる薄っぺらなプラスチックではない。この膳の他、寿司や餅、饅頭などが風呂敷に包まれて、膳の脇に置かれているのが通例であった。右は大皿。おにぎりやいなりずし、そうめんや煮物、焼き物、揚げ物などが盛り付けられていた。

昭和三十年代までの農家の暮らしが、豊かな暮らしだったことを想像させるものがある。私の生まれた家はこの地域の普通の自作農であったが、物置の中には四十枚の漆塗りの膳が今でも残っている。四十枚の膳に並べる食器も揃っていた。漆塗りの椀や刺身皿、天婦羅や煮物を盛る皿、茶わん蒸し器、酢の物の小鉢、焼き物皿など何種類もの食器がそろっていて、その他にもたくさんの大皿が残っている。これらは祭りや祝い事、お葬式、法事などで使われていたが、今日のように電気炊飯器やガス器具、水道がない時代に、これ程たくさんの料理が作られていたということなのである。これらの料理を作るのは集落の主婦たちであり、まるまる二日三日をかけてつくり、宴会は昼前から夜遅くまで続くのが通例だった。ときには、これらの料理の他に、餅をついたり、寿司、饅頭、牡丹餅などが作られた。今日のように、料理屋の宴会場で二、三時間飲み食いして終わる宴会よりはずっと大がかりなものであった。人を雇っている農家ではなく、家族だけで営んでいる農家でのことである。近隣の農家でもこれが当たり前だったのである。

現代に暮らす者には、豊かさとは自分であれこれの生活財を作るとか、自給比率が高いということではなく、自分の手元には無い物を金で買って、沢山の便利なものを持ち、様々なサービスを受けて暮らすことだと思われている。しかしながら、資源やエネルギーの多くを自給していた時代には、新しい機械や便利なものを買い求めることができるゆとりを作り出せたのに、新しい機械や便利なものに囲まれる時代には、自分の土地を荒れ地にし、その土地を捨てることしかできない者が後を絶たないというのは、実に皮肉と言うしかない。

13 自給生活の前提としての土地

昭和三十年以前の農村における自給生活には、実は一つの前提がある。それは土地である。田畑や山林、宅地といった土地である。各人が所有する土地の広さは人それぞれであり、広い土地を持っている者もあれば、僅かな土地しか持たない者、借地しか持たない者、全く持たない者等がいた訳である。戦後の農地解放以前には広い土地を所有する者（地主）と、小作人として働く者とがいた。

自給生活が出来るというのは、土地があるからであり、土地を持っている農家は貧農ではなかった。自分の田畑があり、建築資材になる杉やヒノキ林、エネルギー源となる雑木林を持っていて、生活に必要なものをそこから得ている者が貧しいわけはないのである。これらの資源は主として植物であり、植物は太陽の光を受けて光合成を続け、次から次と生えて来る。これ程豊かな暮らしはない。農山村で自給経済が生き生きとしていた時代、大変だったのはむしろ町に住む人々であったろう。町に住む商人や職人は、常に何かを仕入れ、手を加えて、売りさばくか、求めに応じて作業をしなければ銭を手にすることが出来ない。町に住む者には自分の家を持たず家賃を払う者も多かっただろうが、農山村の多くの農家は自分の家と土地、つまり財産を持っていたのである。

しかしながら、農山村には豊かな土地持ちもいたが、もう一方に土地を持たない者や、狭い土地しか持っていない農家もあった。こうした農家では、竹細工や木工をするとか、他の農家の手伝いをしたりしていたが、農産物を売って金を確保する農業に比重が移るにつれて、早い時期に離農し、町や都市に出て別の仕事につく者が多かった。時代が後になると広い土地を持って裕福な農家であった者より、町や都市に出て別の仕事に従事した者の方が裕福になるといった逆転も見られるようになった。農山村において、豊かな農家と貧しい農家があったことは、農村における人々の暮らしにとって悪いことばかりではなかった。豊かな農家であっても農作業には繁忙期や農閑期があり、また自分の家族だけでは手に負えない作業がある。こうしたとき、貧しい農家がこれを手伝い、賃金を手にすることが出来た。互いに利点があったのである。ところが貧しい農家が離農し、村を出ていくと豊かだった農家は手が確保できなくなったのである。すると一層機械化や設備投資に追われるようになり、金持ち農家の経営を圧迫するようになったのである。

14 自給生活を支える豊かな知識と技能

自給生活、自給経済というのは土地の所有が前提であり、農山村に住む多くの者が所有していたのだが、自給生活には土地だけではなく、もう一つ重要なことがある。田畑や山林、海や川には豊かな資源があるが、資源はそのままでは人の役には立たないのであり、それを役立つものに仕上げる知識と技能が必要である。茶碗一杯のご飯にありつくまでには、野山を切り開いて田んぼを作ることから始めて、カマドで米を炊き上げるまでに気の遠くなるような工程があり、それらの一つ一つを確実にやり遂げなければならないのである。

田んぼを作るとすれば、石垣をついたり、水平を確保したり、水路を作ったりする必要がある。木炭を作りたければ炭窯を作らなければならない。水を確保したければ水路や樋、井戸などを作らなければならない。家を建てたければ屋敷を作り、木材や茅を集め、製材をし、大工仕事や左官の手伝いをしなければならない。

何事も、自分で材料を集め、自分で手を加え、仕上げなければならないのである。豊かな知識と技能、そして創造力やどんなことでも自分でやってみようとする意欲が必要である。

15 近代化が進めた分業と激しい競争

しかしながら、近代化がやったことは、これとは反対に分業を発達させたことである。家を建てようとすれば、製材や大工、左官、塗装、屋根屋、畳屋、表具屋、ガラス屋、電気屋など様々の職種の分業によって実現する。生活に必要なもの、生活の中で消費される様々な物が分業によって生産される。分業は一人の人間が製品を完成させることを妨げることによって自給経済を退け、交換経済を前進させるのである。

自給経済は、様々な生活財を出来る限り自分で作ろうとするが、分業は人の暮らしに必要な財の生産に一部だけ関わる人を増やす。専門職を増やすのである。専門職であるから、その職に限ってみれば優れたものを作り出すことが出来る。しかし分業が発達しその職に関わる人が固定化されてくると、それぞれの人の作業は人の暮らしの中で必要な生活財のほんの僅かな部分を作るだけになる。専門化が進めば進むほど、その人の仕事が自分の生活を支える領域は狭まって行く。人によっては、自分自身の生活の中では何の役にも立たない物を作ることによって金を稼ぎ、暮らしを成りたたしめる者さえ出てくる。

分業が発達し、専門化が進めば進むほど、人は自分で生きていくための能力が小さくなり、他人のした仕事に依存する割合が大きくなっていく。自分の生活が他人に依存する割合が大きくなればなるほど、人は自分の専門領域での能力を高め、自分の仕事を守り、それによって大きな収入を得なければならない。これが同じ専門領域での競争を激化させる。この競争はやがて異なる専門領域の力を借りての競争となり、その専門領域そのものが無くなるという事態にまで発展する。するとこの専門領域で働いていた者は職を失うことになる。他の専門領域を飲み込んで活況を呈する専門領域、職種もあれば、もう一方で失われる領域、職種が生まれるのである。こうして社会には、好景気の職種と不景気な職種が併存するようになる。好景気の職種にはさらに人が集まり、不景気な職種には人がいなくなる。人が集まる好景気の職種は仲間内での競争が激化し、製品が余り、共倒れが始まる。このようにして、人々は金を求めて戦い続け、無駄な投資と時間の浪費を繰り返す。

他人の求めによって、自分の暮らしの中では必要がない物やサービスを作り、他人の懐から金を得ようとして人々は必死になる。他人の求めに応じて作る物やサービスはまだよいが、金を得るため、売れるかどうか分からない物まで作り、売りに出す。現代社会とはそのような社会である。

自分の生活を続けるための金を得るためとはいえ、他人の求めは留まるところがないから、「もっと、もっと」大きな要求に応えなければならなくなる。

ところで、他人の求めに応じて働くことは、果たして人間の本当の喜びなのか。他人が求めることに専念する生きざまは、自分に必要なものの充足に専念して生きることよりも、優れた生き方なのか？

自分にとってはどうでもいいような他人の要望に応えていくことは、通常強い不快感、あるいはストレスを持つはずである。この不快感、ストレスは相手からお金を引き出すことが出来た時点で、完全に解消されるのだろうか。相手の要求は、お金をもらった後でもついてくることがある。受領後の要求を拒むために細かい契約を結ぶがそれでも争いになることがある。売手と買手が共に笑みを浮かべることももちろん多いが、売り手と買い手が相戦うことも多いのである。

16 農業の近代化による売上げの増加と経費増加による所得の低迷、生活費の増大による生計の破綻

人は生活に必要な物を買うために、商品を作ったり、売ったりして金を得る。売るべき商品を持たない者は自分の労働を売って賃金を得て必要なものを買う。みんな金を求めて働くのであるから、より多くの稼ぎを目指して働き、より多くの金を手にする。より多くの収入が入ると大抵の人間はより多くの物を買い、あるいはより良い物ということでより高い物を買うようになる。つまり収入が多くなると支出も多くなるのが通例なのである。

農業では、より多くの収入を得ようとして、耕作面積を増やし、機械を導入し、農薬や肥料を多用して製品の向上を図り、得た所得を生活費に充て、農業以外の産業の製品を沢山買い入れた。人間が働くのは、生活に必要な財を手に入れるためであり、働かない訳にはいかない。しかしながら、人間以外の動物が通常、腹いっぱいになると食べるのを止めるのに対し、人間は腹いっぱいになっても働き続け、金を稼ごうとするのである。稼ぐだけでなく、出費を増やし、より贅沢な暮らしをし出すのである。だから、昭和三十年代から四十年代の農村では、急

速に生活の「改善」が実現した。

ところが、生涯を通じて収入が増え続けることが保障されているような職業は殆どない。まあ、公務員ぐらいのものであろうか。農家の農産物が順調に作られ、売られたとしても、それがいつまでも続く保証はどこにもない。農産物という商品に限らず、商品は消費者がいて成り立つのであり、消費者は飽きっぽいのである。全く同じ品質のものを何時までも買いはしない。商品の見てくれや品質、機能性などを変えていかないと客は買わない。農家が、自給の為の農産物を作っている間は、自分がこれで良いと思うものを作っていればそれでよい。しかし、農家が他人の消費の為の農産物を作り始めたときから、農家は消費者に翻弄される世界に入るのである。農家が消費者の気まぐれに付き合っていくには、経費のかかる努力をしなければならない。こうして、商品としての農産物を作る農家は売り上げを上げるために経費を増やすことになるのであり、失敗すると所得の減少を招くのである。

農家の所得を引き下げる要因は、消費者の要求や気まぐれだけではない。生産過剰による暴落や、天候不順、天災、病虫害の発生などによっても引き起こされ、それは予告なしにやってくる。そのときには、所得・利益が激減あるいはマイナスになる。収入や経費はゼロにはなってもマイナスになることはないが、所得・利益はマイナスにもなるのである。利益のマイナスは預金の減少または借金の増加を意味する。経費は生産に関わるものであり、生産に不可欠であるが、所得は農家の生活費を支えるものである。農村の近代化は農家の生活消費財の購入レベルを底上げしていて、所得の減少は生活の危機となるのである。農家に限らず、人の暮らしは一度レベルを上げると下げることが大変難しい。農業の近代化は、農家の収入の浮き沈みのリスクを高め、もう一方で生活レベルを上げ、生活コストを上げたことによって、農家の危機を増大させた。

17 農家が行き詰ったときの三つの選択肢

農家の農業所得が生活費を満たすことが出来なくなると、農家は農業以外の所得を求めなければならなくなる。その方法は大きく分けて三つある。一つは農業をしながら他の仕事に就いて日銭を稼ぐことであり、二つ目は農業以外の事業を始めることであり、三つ目は家業を捨てて都会に出て職を得ることである。

農業に携わっている人は、長男であることが多く、先祖から代々受け継がれてきた土地で農業を営んでいる場合が非常に多い。だから、農業所得が少ないからといってその土地から離れることはしにくい。また、年齢が上がってくるにつれ、全く別の仕事を始めるのも難しい。したがって、自分の家から通えるような所で雇ってもらえる所を探して日当を稼ぐとか、場合によっては月給を得て、休日に農業をするというのが一つ目である。農業による生活が破綻しているにも関わらず、それまでと同じ家に住み、畑や田んぼの世話も続けているので農家のように見えるが、本当の所はもう農家とは言えないというのが実態である。

農家でありながら、農機だけでなく土木機械などの操作が好きで、土木会社を起してその地域の道路を作る事業に関わるとか、造園業を始めるとか、雑貨や食料品他の店を出すといったことで農業以外の事業を始めるのが二つ目である。この場合、自分の土地があるということが新事業にとって一つの有利な要因となっている。

農業にも地元にも見切りをつけ、全く別の仕事と暮らしを始めるというのが三つ目である。この場合、土地を処分して出ていく場合と、土地は残したまま出ていく場合がある。農業や故郷に見切りをつけても先祖伝来の土地だけは手放したくないと考える人が多く、その地を離れても、土地を売ったり貸したりしない人が意外に多い。土地を処分して出ていく場合は、土地の譲渡代金で借金の埋め合わせをしたり、別の地域で暮らすための資金にしたり、まさかのときの資金として預金にしておいたりするのである。

一番目の場合、農業以外の所得が農業所得より大きくなる場合が多くみられるが、農業を完全にやめているわけではないし、年を取って雇ってもらえなくなってから再び農業だけになったりするので統計的には農業人口に入っていたりするが、見方を変えればもはや農家ではない。

マスコミなどでは、農業人口減少の原因が農家の高齢化による減少として語られたりするが、これでは農業人口減少の本当の原因を説明することにはならない。以前には、農夫が高齢化するとか死亡しても、若い者が後を継ぎ農業人口は維持されていたのである。後を継ぐ者がいなくなった、継げる条件が無くなった、営農するだけの利益が見込めなくなったということこそが本当の原因なのである。

18 不安定な農業より、安定した賃労働へ

私が農業人口の減少や、都市への流出の主要な原因を少ない利益・所得に求めると、「いや、農業でも非常に大きな利益を得て、いい車を買うとか、海外旅行に行く人もいる。農業が儲からない業種というのは当たらない」と言う人もいるかもしれない。

確かに、農業で非常に大きな利益を出し、今日でもとても裕福な暮らしをしている農家もある。だから、大きな利益・所得を確保するために農業をしたいと思う人は農業をすればよいのである。株の売買だけで大きな利益を上げて暮らす人もある。その道の才能があって、運に恵

まれればどのようなことをしてでも利益を出す人は皆無ではない。しかし、大半の人は、株をやっても、それだけで生活を成りたたすことが出来るとは考えないし、別の安定した仕事で所得を確保しながらやっているのである。株が天井知らずで、どこまでも上がり続けるだけの商品なら、もちろん利益が出続けることになるが、株価は上がったり下がったりを繰り返すのであるから、通算して利益を出し続けることは容易ではない。農業も同じである。

農業の近代化が進んで、農業のリスクが一層大きくなる中で、農家が農地を放置し、故郷を捨てて都市に出て働き始めるときには、大抵の場合働き口を探すことから始まる。賃金を得て暮らすためである。何故、賃金を得ようとするのか。賃働きは、リスクが無いとは言えないにしても小さくて、農業収入よりはるかに安定し、見込みの立つ収入だからである。戦後の地方の農業人口が減少し、都市へと移動した大きな理由とは、都市には賃金を得られるところが集中しており、農業より安定した暮らしが出来るからである。

19 近代化された農業よりリスクが小さい自給農業

自給農業には、生産過剰による暴落が無いし、消費者のきまぐれによる圧迫もない。また、自給農業は多品種少量栽培が一般的であり、山菜などの利用も多く、従って天候不順や天災、病虫害などによるリスクも小さいのである。多品種栽培がリスクの減少になるというのは、色々な作物を栽培すると栽培時期や栽培圃場が分散されることによってリスクが分散されるということである。多品種栽培をすると何もかもが見事にできる年も無いし、そうした土地もない。かといって、何もできない年もないし、土地もない。何らかの作物が育って食いつなぐことが出来るのである。

販売を目的として近代化された農業は、農薬や化学肥料の使用、品種改良による優れた種の使用などによって作柄のリスクが減らされている筈なのに、農家の経営が安定しない。作柄の改善、安定化は農業経営の安定化には何の貢献もしないということを理解していないからである。農業経営を安定させるためには、市場での競争に勝ち続けることが必要だが、農薬や化学肥料、優れた品種を使用しても、競争そのものが無くなる訳ではないし、他の農家も同じようにするのだから、市場には作物があふれ、値崩れを起こすだけなのである。

また、設備投資を減らすため少品種大量生産になりがちで、天候や病虫害、動物被害等のリスク分散がしにくいため、事があると大打撃を受ける。

それに対して自給農業は、作物の出来、不出来、見てくれの良し悪し、味の良し悪し等は大した問題ではなく、自分が消費するのに足りれば十分であるから、農薬や肥料、種に金をかける必要が無い。全く収穫できない作物があっても、そのシーズンにその作物を食べるのを諦めるだけで済むから、打撃は極めて小さいのである。

では、そんなにリスクの少ない自給農業が何故少なくなり、販売重視の農業になったのか。答えは実に簡単である。生活の近代化が、農家に自給できない生活財を持ち込んだからである。

私の知っているあるミカン農家では、近代化に迎合せず、人が軽トラで走るときに、トレーラーを繋いだ耕運機で運搬し、古くなった家の改修をせず、道路から家に続く道を昔ながらの細い道のままにし、自分の田畑で作った米や野菜で満足し、外に出歩いて遊ぶことをせず、質素な暮らしをされていた。そして、亡くなったときには、周りの者がビックリする程の資産を残していたと評判になった。この人の子供が持って来た学校の昼食弁当のおかずが味噌だけのときがあったという話もある。だが、近代化以前の百姓の弁当のおかずが味噌だけだったというのは珍しいことではなかった。この人は、実は特別のことをしたのではなく、以前の暮らし方を変えなかっただけである。特別のことをしたのは、本当は周りの農家だったのである。農家の暮らしの中に自給困難な生活財を大量に普及させたことが、販売重視の農業を増加させたのである。

20 人間の欲望を際限なく増大させる近代化

近代化された農業、農家は自給農業よりもリスクが大きいにも関わらず、農家がそれを求めたのは何故だろうか。近代化を目指す農業や近代的な生活財は、それ以前の生産財や生活財には無かった新しい機能があり、自分たちの仕事や生活を著しく改善するものととらえ、それを求めたからである。言葉を変えて言うと、新たな欲望に目覚めたということである。近代的な生産財や生活財を使わなくても、それまでと同じ旧態の生産財や生活財を使い続けても人の暮らしが出来ない訳ではなかったのであるが、それを求めてしまったということである。

人間は、一度欲望を抱くと、この欲望を捨てることが極めて困難になる。今までなかった便利な機能を備えた道具や機械を手にし、その便利さを知ってしまうと、人はそれなしでは生きられないとまで思うようになるのである。

もちろん、近代化以前にも人間社会には多くの画期的発明があり、それによって人の暮らしが大きく変化してきた。だから新しい発明品に対する欲望は近代化以前にもあったが、近代化は人間の欲望をそれまでとは全く違うレベルで活気づけた。近代化以前の発明は、その発明が生産や生活の場での改善に役立つということを目的としていたにすぎず、発明そのものを目的とすることはあまりなかったが、近代化後の発明は発明そのものが目的とされるようになり、発明が普通の人間の欲望となったのである。その結果、生活財や生産財が、おびただしい種類の道具や機械、部品などとして作り出され、しかも売り出されたばかりの製品があっという間に陳腐化し、日々新製品にとって代わられている。今日、あちこちの店頭に置かれている製品が来年の今日と言わず、一か月後にさえ置かれているかどうかが危うい商品も沢山ある。このことは、今日のスーパーマーケットやＤＩＹ、家電店などに通ってみれば誰にでもすぐにわかる。そして、商品はスーパーやＤＩＹ、家電店だけでなく、様々な店に置かれ、世の中には一体どれ程の商品があるのか想像もつかない程である。

人や企業が、次から次へと新しい商品を生み出すのは、既成の商品が売れなくなるからだ。人の欲望を満たす何か優れた商品を出しても、他社からも類似品が出てきたり、類似品でありながらもっと優れていたり、人々にいきわたったり、飽きられたりして、いつの間にか売れなくなる。だから、次から次へと新しい商品を出さなければならない。新しい商品は、同様の商品でありながら改良したものである場合と、それまでには無い全く新しい商品である場合がある。こうした新しい商品を開発せざるを得ないのだが、その新しい商品もまたそれまでの商品と同じ運命を持っている。初めは運よく売れても、やがて売れなくなる。製品に人が必要とする機能があり、競争相手が無ければ、新製品を出さなくても、その製品はいつまでも買手がつく訳であるが、現実には競争相手が出てくるのである。

商品とは、人の欲望を満たすためのものであるから、人の欲望にこたえなければならないが、人間の欲望には際限がない。宇宙の果てが見えないように、人の欲望もその終わりが見えない。見えるのは個人の死が個人の欲望を終わらせるということだけだ。

人に死が訪れると、人の欲望は消える。生きている人間は誰でも欲望を持っている。食欲や性欲のように肉体そのものが持つ欲望もあれば、物欲や金銭欲、出世欲、権力欲、名誉欲、征服欲、自己顕示欲のように心が求める欲望もある。それらの欲望は独立した欲望として振る舞うだけでなく、複雑に絡み合って人を激しい行動に駆り立てる。欲望は、渇きとか、夢や、希望、願望、要望、要求、目標、正義、貢献、愛、不満、不安といった装いで現れ、努力、頑張り、辛抱、研究、学習、戦い、闘争といった行動を作り出す。度を越すと、人は心をすり減らし、心と体のコントロールを誤り、不眠や病気、肥満や痩身、ときには犯罪や、自分の命を投げ出すことさえある。欲望は、人や物にランクを付け、自分をより高いランクに位置づけようとし、より高いランクの物を得ようとする。上がろうともがき、下がることを屈辱ととらえる。

だが、欲望は一度満たされ、実現してしまうともはや夢中になったことを忘れ、次の欲望へと向かい、次の欲望にも同じような向かい方をしてしまう。商品は人の欲望に応えるために作られるから、ときには巨大な流行を生み出す。多くの人々が競って買い求める。長い時間をかけて、行列を作って買い求めることさえ厭わない。苦労をして買い求めてみたものの、いつかすっかり忘れてしまう。近代化を進め、その結果作り出された現代社会は、このような虚ろな欲望に依拠して組み立てられている。だが、商品は人の欲望に応えるために作られるだけではない。それは人の欲望を掻き立てるためにも作られるのである。本当は人の暮らしに必要がない物であっても、人が欲しいと思うようにさせるのである。テレビのコマーシャルを見てみればよくわかるが、無くても困らない物を如何にして欲しいと思わせるか腐心しているのである。商品がなぜ人の欲望を掻き立てるかと言えば、商品は金を手に入れる手段だからである。商品の作り手は、自分が使いもしない物を作ったりするが、それは金を手に入れる手段だからであって、それこそが真の目的だからである。使い手を助けることが目的でことを為す人間は、金銭の授受に関心がない。

しかしながら、「欲望」というものについて言えば、人が生きていく上で、どうしても必要な欲望と、それを超えた、いわば「どうでもよい欲望」がある。例えば、食欲に関して、一日にどうしても必要な二〇〇〇〜二五〇〇キロカロリー程度の食事と、それを超えてひたすら飲み食いに走り、肥満を引き起こす食事は、全く違った食欲である。そして、様々な食材をバランスよく取る食事と、金に糸目を着けず美食を追う食事も全く違う食欲である。人の欲望には、どうしても満たされなければならない欲望と、必要のない欲望があるということだが、それは、単に食欲に関してだけでなく、性欲や物欲、金銭欲、出世欲、権力欲、名誉欲、征服欲、自己顕示欲などといった欲望に関しても同様である。どうしても必要な程度の欲望は誰もが満たされなければならないが、その枠を超えた欲望が満たされる必要はない。しかし、現代社会はそのような満たされる必要のない欲望を煽り、それに依拠している。そして、そのような欲望が渦巻く舞台が都市なのであり、日本において最も激しい舞台が東京なのである。

21 お金の自己増殖をもくろむ金銭欲

人間の欲望の中で一際顕著で、際限なく拡大する欲望として金銭欲がある。大抵の人が、「お金はもう要らない、十分だ」とは言わない。

お金（貨幣）が作られた最初の目的は、財物の交換手段としてであっただろう。使っているうちに人は思いはじめただろう。「このお金を沢山溜めれば、なんでも買える。だからお金が沢山欲しい」

そこで人は商売をしてお金をかき集めるようになった。お金が溜まると、今度は「このお金をもっと増やすことは出来ないだろうか」と考え、人にお金を貸して利息を取ることを思いついた。さらに時代が下ると、お金を元手にして、人を雇い、物やサービスを作らせて、これを売り、雇った人への支払いや材料費の支払い以上の売り上げを得ればお金を増やすことが出来ることに気が付いた。すると、十分な元手となるお金を持たない人間が他人からお金を集め、さらに借金をして、同じことをし、お金を出してくれた人に増えたお金のうちから配当を渡し、貸してくれた人に利子を払うことを思いついた。すると、このやり方で沢山の人を雇い、巨大な組織と利益を作り出すことが出来ることに人々は気が付いた。そして、このようにして利益を出すことが自由にできる社会体制、つまり資本主義社会を作ることが多くの人の求めるところとなったのである。それは、水田を中心とした農業と、身分制のある江戸時代の社会体制とは根本的に違う社会制度であり、この改革を推進してきたのが近代化である。

22 近代化とは主要な産業を農業から商工業に変え、資本が最も効果的に活動できる社会を作ること

日本の近代化が本格的に始まったのは明治からであるが、この時期の日本の主たる産業は農業であり、農業に携わる人口が一番多かった。江戸時代には税は主として米でおさめられていたが、明治政府は地租改正を行って、米でなく金で納税させることにした。江戸時代の農村で

も金は流通していたが、米でなく金で納税となると、米と金の持つ意味が逆転する。農民はそれまでより一層金銭欲を増大させた。

私の生まれた地域では農業機械や生活財としての電化製品などは主として昭和三十年代に怒涛のように入ってきたが、農業機械や電化製品、その他工業製品の開発は戦前から起こり、普及が始まっていた。金を資本にして、工業製品を作って販売し、資本を回収した上、利益を得るというやり方に最も適した産業は鉱工業部門や商業部門であった。近代化とは、最も簡単に言えば農業を主産業とする社会から工業生産を主産業とする社会に変え、資本が最も効果的に活動できる社会に変えることだった。

昭和二十五年頃の空から見た農村風景や、今でも昔の農村風景が分かる地域に行ってみて気が付くことがある。広い平野部が全て水田として広がり、人家は傾斜のある山裾と平野部の境目に数珠のように連なっていることである。つまり、水田用地は居住用地よりも重視されていたと言えるのである。ところが近代化の象徴のひとつである鉄道や道路は人家さえ建てられることの無かった水田の真ん中を至る所で走り抜けているのである。私は、何度か東海道新幹線で往復したが、その度にこの光景を目にした。今日では、鉄道だけでなく、至る所で田んぼの中を広い道路が走り抜け、工業用地や、商業地、住宅地になっている。これは日本全国の平野部で目にすることが出来る。日本の主要な産業のグランドであり、豊かに稲穂が実っていた農地が、今では資本が走り回るグランドになっているのである。

近代化が足蹴にしたのは農地だけではない。一九五〇年には一六〇〇万人以上いた農業人口を三〇〇万人以下にし、数年後には一〇〇万人になるだろうと言われるところまできた。農民だった者を農業から引き離し、賃金労働者、会社員、公務員、学者、パートタイマー、アルバイターなどにし、資本の増殖に役立つ人材にすることに成功した。日本の近代化は大成功を収めたのである。この成功の秘密は、農業部門を投資先とするのではなく、一方で工業製品の消費者とし、もう一方で労働力の供給者としたからである。今や日本の近代化は農業部門において、それを完成させるべく最終段階を迎えようとしている。それは農業部門を資本が自由に活動できるグランドにすることである。つまり、資本を投下することが困難だった農業部門を資本投下のできる産業にすることである。それはこれまで制限されていた企業の参入を自由にすることであり、既に制限の緩和が始まっている。

23 農業は自然の顔を見てくらし、商工業は人の顔を見て暮らす

ところで、一国の産業を農業から、商工業、鉱業、建設産業、サービス業に重点を移すと、人の暮らしはどのように変化するだろうか。そもそも、農業とその他の産業の違いとはなんだろうか。色々な違いをあげることが出来るが、決定的なことは、農業における生産物は商工業、鉱業、建設産業、サービス業などにおける生産物ほどには、他者に依存しないということである。他者に依存しないという意味は、農業生産物は自家消費目的で生産するだけでも生産の目的が達成されるが、鉱工業、建設産業、サービス業などの生産物は自家消費目的で生産されるわけではなく、誰か他の人間や企業、団体などに購入して貰わなければ生産の目的が達成されないということである。商業が扱う商品もまた、誰かに購入して貰うのでなければ全く目的が達成されない。農業は自分や家族が消費するための食料を生産するだけでかなりの程度目的が達成出来るのである。農家は様々な食料を生産し、百姓の暮らしをしていれば、それを売らなくても、たちまち暮らしがつぶれてしまう訳ではないが、鉱工業、建設産業、サービス業などでは、生産物が売れなければ経営も暮らしもあっという間につぶれてしまうということである。購入するのは自分以外の者でなければならないのだから、他者に対する依存度が一〇〇パーセントなのである。

農業は、他の産業のように、他者に一〇〇パーセント依存する訳ではないが、その分自然界との関わりが大きい。農産物の出来高は自然環境によって変化するからである。農業は自然に顔を向けて暮らし、農業以外の産業は人の顔を見て暮らすのである。農業は自然の顔を見て暮らすが、それは自然環境が暮らしの大前提であるからである。さらに、自然環境の中でも土地・農地の存在が決定的であり、農業の暮らしは土地の拡大を欲望とし、なるべく人が住んでいない地域へと向かうのである。

ところが、農業以外の産業では鉱業や漁業のように資源のある所に向かう産業があるものの、商工業、建設産業、サービス業は、人の顔をみて営むのであるから、人があまり住んでいないところへ向かうのではなく、人が沢山住んでいる地域へと向かうのである。江戸時代の日本の人口が約三〇〇〇万人で江戸の人口は約一〇〇万人だったと言われ、現在の日本の人口が約一億二七〇〇万人で東京の人口が約一三六〇万人であるが、主たる産業の変化がこの数字に如実に表れている。人口が集中している地域は東京だけでなく、現在一〇〇万人を超える地方都市が十一市あり、その人口は二〇〇〇万人を超えている。東京都と一〇〇万人以上の十一市の人口を合わせると三四〇〇万人近くになっているのである。

極論すれば、江戸時代のような農業中心の社会なら、人々は地方に向かうのであるが、農業から商工業中心の社会、近代化をめざす社会では、人々は大都市に向かうのであり、究極のところ地方の都市を大きくするより、東京を中心とする首都圏に人を集めてしまった方がよいのである。一か所に人口を集めてしまえば、商工業に不可欠の物流費が少なくて済み、人が多いのだから売買のチャンスも格段に大きくなる。今でも人口が増えている地方都市があるものの、県庁所在地のある地方都市では既に人口減少に頭を抱え始めている都市もある。戦後の昭和時代には、県庁のあるような地方都市は人口増加が続いたが、もはやそのような時代が終わり、大都市であっても地方の都市は人口減少が明確な流れになってきているのである。

農業、とりわけ近代化が進む前の百姓と言われた人々が暮らしていた時代は、山深い地方での暮らしでも豊かに暮らすことが出来たが、近代化が進んだ昭和三十年代以降の農家の暮らしは、農産物の販売がとりわけ重要になり、農業とは言ってもそれまでの農業とは違って商業、販売業としての性格を強くするようになって、販売のチャンスが確保しやすい都市近郊の農業と、都市から遠い山間部などの農業には大きな差が生まれた。都市を取り巻く近郊農業は販売チャンスが多く、搬送にかかる時間も費用も少なくて済むから、利益を上げることがしやすい。だから、今日でも都市近郊の農家では十分な利益を出しているところはあるのである。そういう意味では、日本の農業の可能性を全体的に悲観的に見ることは適当でなく、地域差やその他の諸条件をみて判断する必要がある。

人口が多い都市近郊という要因でなく、地域差やその他の条件ということで言えば、愛媛のミカンについて、一つの事例を上げることが出来る。私の生まれ育った地域では、昭和の後半、見渡す限りミカン畑だった所が耕作放棄地になり、荒れ地になっているが、宇和海に面した八幡浜市や吉田町当たりでは今でも、良質のミカンで経営が成り立っている農家がたくさんある。愛媛県でも瀬戸内海に面した地域のミカンと、宇和海に面した地域のミカンでは差がある。愛媛といえども海の見えない地域に入ってしまえば温州ミカンを作っている農家は全くないと言っていい。瀬戸内海に面する地域は基本的に北向きの斜面になっており、宇和海に面する地域は西向きになっている。宇和海に面する地域は西向斜面にはなっているが、リアス式海岸になっていて南からの日差しを受ける斜面が多く、午後になっても傾いた西からの日差しや、海からの反射光を受けて受光量が、瀬戸内海に面した地域より格段に多いのである。受光料の違いが、ミカンの品質に与える影響は極めて大きいので、宇和海地域では良質のミカンが作れるのである。

24 農業の未来、資本主義的経営

農業部門に企業が自由に参入できるようになれば、農業の近代化が一層進むことになるが、そのときにはどのような展開が予想されるだろうか。一つは現在の農家が自ら企業を起こすことであり、もう一つは他産業の企業からの参入である。他産業からの参入である場合、一つの弱点がある。栽培経験が無いということである。そこで、他産業からの参入企業は、既存の農家に協力を求めるとか、比較的高給で雇い入れることになるだろう。高給が約束され、社内での指導的役割を与えられれば、喜んで受け入れる者が出てくるだろう。参入企業に雇われる者は既存農家だけでなく、農業経験の無い者にも広がる。求められるのは農業経営ではなく、農作業であり、給料を受け取る農業労働である。しかし、農作業には繁忙期と農閑期があり、月給制の正社員は少なく、非正規の時間労働者が多くなるだろう。それでも収益の出にくい既存の農家や、悪条件のもとで働いている農家からは人が集まってくるだろう。

そして、農業における企業経営には他産業における企業経営と同じく一つの問題がある。企業経営とは資本主義的経営であり、巨大な利益を出すことも可能ではあるが、利益を出せず、損失を出すこともあるということである。出資者に対する配当もしなければならない。利益を出すことが最優先課題である。利益が出せないときにとる対応は他産業の企業と同じく、利益が出せる品目優先、効率の良い農地優先、非効率な農地の切り捨て、賃金の引き下げ、労働者の首切り、繁忙期の残業の強要、農閑期の自宅待機といったことであろう。最悪の場合は撤退であり、広大な農地が荒れ地となって残る。山深い農山村の土地や傾斜地は、効率の良い栽培には向きにくく、一気に荒廃し、イノシシやサル、ハクビシン、タヌキ、鹿などに明け渡すことになるだろう。運よく利益を出し続ける企業の場合は、事業をどんどん拡大し、他企業との競争を激化させ、他の産業が辿ってきたのと同じく、日本の農業を僅かな企業が担うようになり、国民の食はこれらの企業によって支配されるようになるだろう。今日の通信事業がＮＴＴやソフトバンク、ＡＵなど数社によって担われ、それらの会社が提供するものだけが利用可能であるように、数社の農企業が生産する食料をのみ選択して食べ繋ぐことになるだろう。

他産業からの参入企業が他社との競争において勝利するためには、これまでの農業技術に自社が持っている異分野の技術をどれほど効果的に結び付け、利益率の高い農業にするかが問われる。ただ資本投下して従来の農業技術で農業経営を行っても、他社に勝つことは出来ない。異分野の技術との融合こそが必要である。そして、このことが、農家出身の企業家が起こした企業を駆逐していくことになるだろう。いつの間にか、農業は従来の農家が担う産業ではなく、農業に参入した他産業の資本、いくつものグループ企業を抱える巨大な資本によって支配される産業となるだろう。他産業というのは、商業や工業のことである。これまでにも、農業に商工業の手法や技術が入ってきて、農業の姿を大きく変化させてきたが、これからの農業はこの傾向がさらに激しくなるだろう。

25 過疎地域の学校閉鎖

話が、農業の未来の話になってしまったが、農業の近代化から少し話を広げて、近代化が農村や地方のあり方をどのように変化させたかを今少し見ておきたい。

先に、江戸時代、人々が新田開発のため山奥へと入って集落を作ったことに触れた。そして、農業の近代化はこうした農村集落から多くの人々を都市に向かわせたことに触れた。これによって、農村や地方がどのようなところに変わってきたか見ておきたい。

戦後の早い時期においては、農家から出ていくのは長男以外の息子や娘、そして農業では生計が立てられない農家だったが、時代が後になると、後継ぎの長男までが働きに出るようになり、農業は爺ちゃん、婆ちゃん、母ちゃんの三ちゃん農業になった。

都市に向かった子供たちを育て、教育に関わったのは地方社会である。私が通った小学校は明治時代に作られたが、殆どの人が農業や漁業を営んでいた地域で、人々は子供たちの教育に熱心であり、学校はこの地域の人々を強く結びつけ、子供たちの将来に大きな期待をかけていた。子供を育て、教育するには相当な時間と金が必要である。この時間と金を負担したのは農家や地方社会であるのに、この子供たちが働ける年齢になると、その能力を利用するのは都市であった。地方が負担し、都市が成果物を受け取ったのである。だから地方が都市に子供の教育に要した費用を請求してよいのだが、請求した話は聞いたことがない。地方は大変な損失を出しているのである。広い土地を持ち、お金も持っている豊かな農家では、子供に高い教育を受けさせようと頑張り、大学まで行かせたのに、教育を受けた息子は、受けた教育を家業に生かすことが出来ないと考えて、卒業後は他の職につき、家業を継がない者が後を絶たなかった。こうした事例が重なり、子供に教育はいらないと言う農家の親たちも出てきた。だから、農家の後継ぎとなるべき長男は農業高校に行かせ、次男以下は可能であれば大学にも行かせるということになっていたのである。

しかし、時代の変化を敏感に捉えていた農家では、農業の未来を見切り、長男も含めて高等教育を受けさせようと頑張り、農業を自分たちの代で終りにする覚悟を持った農家もあった。

私は兄と二人兄弟だったが、兄は農業高校を卒業して農業を継ぎ、私は大学を出て東京に出た。兄も私も非常に小柄で、至る所で力仕事を伴う農業には不向きな体格をしていた。私の身長は一五三センチしかないが兄はもっと小さかった。この境遇の違いは、兄弟に葛藤を生み出し、一生解きほぐすことが出来なかった。兄も勉強したかったたし、農業がしたいわけでもなかった。その上、年を重ねるにつれ、農業の厳しさがどんどん増してきて、周りでは専業農家が激減していたのである。私が五十九歳のとき、兄は六十三歳で亡くなったが、死の数週間前に私は兄に「どのような人生だったか」と聞いた。「しんどかった」と言った。死の予兆を感じてした問いではなく、兄が自分の人生をしみじみと振り返るような顔をしていたからである。その他にもあれこれ会話をしたが、「しんどかった」というのが死を前にしての兄の本音だったことだけは間違いない。

農村社会がまだ生き生きしていた頃、沢山の子供を産み、その子供たちの教育を引き受けたにも関わらず、その成果を都市や他の産業に奪われ、離農者も増えた。その結果農山村では若者が減り、若い夫婦が減って、子供の出生数が減った。私が子供のころ、私の地域では一つの地域に小学校と中学校があって、しかも、校舎と運動場は共用であり、校長も小学校校長は中学校校長を兼ねていた。だから運動会や始業式、終業式などが一緒に行われていた。九学年が一つの校舎、一つの運動場で学んでいたのである。この中学校は、私が中学三年になる年の春、昭和三十九年三月に閉校し、隣の中学校と合併した。この頃には、もう子供の出生数の減少がきわめて顕著になってきていたのである。因みに小学校入学が昭和三十一年だった私の同級生は三十三名だったが昭和三十九年の入学者は十名だった。

地域に中学校があったときには、徒歩で通っていたが、隣の中学校と合併してからは徒歩という訳にはいかず、国鉄（今のＪＲ）を一駅乗っての通学になった。通学時間が長くなり、通学に交通費がかかるようになった。町内の中学校合併による閉校は私の通っていた中学校が最初だったが、その後五、六か所の中学校が吸収合併された。

小学校は地域の結束、人的交流を確保するうえでも重要で早々には合併されなかったが、平成二十三年三月に四名の卒業生を送りだして閉校した。二十二年三月の卒業生はわずかに二名だった。

26 農山村の景色と暮らしを変えた道路

戦後の近代化によって、農山村の景色を大きく変えたものの一つは道路である。前にも述べたように、私が小学校低学年の頃の道路は海沿いにある砂利道の県道と、県道のいたるところから派生する脇道であった。脇道は道路ではなく、山の上に向かう幅が一メートルにも満たないような細い坂道であった。山の上にある集落に向かう道は当然ながら坂道であったが、集落と集落を結ぶ道は比較的平坦な道が続いていた。県道にはトラックや乗用車が走っていたが、各集落に向かう道には自動車が入れなかった。小高い山の上に建てられた学校にさえ、自動車は来ることが出来なかった。何か重い荷物を学校に運ぶ必要があるときは上級生が県道まで下りていき、担いでくるといった光景を目にした。

しかし、農道が整備されるようになり、自動車が走れるようになると、学校にも自動車が入れるようになり、古い木造の校舎が壊され、鉄筋コンクリートの校舎が建てられた。重量のある重機が入る時代になると、校舎の裏山の土が取り除かれて、広い運動場と体育館、プールがつくられた。新しい学校の脇には舗装された二車線の広い道路が作られ、この地域の景色が大きく変わった。子供の数が減り、中学校がなくなって小学校だけになってから約十年後のことである。子供は減っても、学校の校舎や設備は新しくなり、充実したのである。

道路が整備されると、道端の人々がつくる光景も変わった。狭い道しかなかった時代には、人々は汗をかきながら歩き、人に会うと会釈や挨拶だけでなく、腰を下ろして世間話をすることがよくあったが、車で出会うと、窓から手を振り、声をかける程度で行き過ぎるようになった。

古い山道は、畑や田んぼの端っこに作られていることが多く、また田んぼに引く水路の脇に作られていたが、広く舗装された新しい道路は、至るところで畑や田んぼの真ん中を突き抜けるように作られた。便利になったと言えば言えるが、急峻な山地での田や畑はなるべく傾斜がゆるくて土の良い所に作られていた。この一等地を潰して車が走るようになったのである。新しい道路は、何処の家にも車が入れるようにするため、集落の中を蛇行するように作られたので、家の周りにあるかなり広い田畑が道路に変わった。

舗装された新しい農道や林道ができるまで使われていた道は、荒れ果て、木や草が生え、崩落が放置され、使われることが無くなって、昔の道を知る者でなければもはやどこが道だったのか分からないくらいになっている所が多い。イノシシなどの獣道が昔の道を傷めているところもよくある。今でも道が確認しやすいのは森や林の中である。小枝や木の葉が落ちて地肌が隠れてはいるが、大きな木の陰なので草が生えないところが道の跡として残っている。これに対して森林の外にあった道は草に覆われ、木が生えてきて、道だったと確認するのが難しい。

海の傍には、国鉄（JR）と県道が並行して走っていた。砂利道だった県道は、やがてアスファルト舗装になった。昭和四十年代の終わりには県道から国道に昇格した。国道に昇格すると、国道がその姿を大きく変え始めた。瀬戸内海を眺めながらの国道ではあったが、山や谷の形に制約されて曲がったところがあり、狭くて、センターラインが無く、車に出会うとスピードを落とす必要があった。新国道は古い国道（県道）と重なるところもあるが、別の土地の上に作られたところが多い。古い国道は標高が少なくても六、七メートルはあるような所に作られていたが、新しい国道は海面のすぐそばに作られた。子供の頃、夏になると週三日くらいは海遊びに来ていた海岸が国道になり、海が荒れたとき、海面すぐそばの国道が海水に洗われないように国道に沿って波消しブロックが並べられた。昔の夏には何処の海岸でも裸で遊ぶ子供の姿があったが、その場所が無くなって今ではその姿はなく、海水浴場として確保された場所にだけ海水浴客が集まっている。海水浴場には車で遠くから人が集まってきて、泳いだりバーベキューを楽しんでいるが、新国道ができる前の海岸では、子供たちが泳ぐだけでなく、釣りをしたり、サザエやアワビを取ったり、焚火をして貝や魚を焼いて食べ、弁当を食べ、帰りには県道わきにあった店でアイスキャンデーやかき氷を食べて家路に着く姿が日常的に見られた。

新しい国道が作られて、並行するように残った古い国道（県道）は生活道路として、ときたま車が通るところもあるものの、人が歩くだけの道路になったり、ふさがれて人通りが無くなっ

上段２枚は同じ場所の昭和 30 年代と現在の写真である。未舗装だった道路が舗装されているが、海側に新しい国道ができ、今は車も人もほとんど通らない。下段左は同じ場所を海側から見た現在の景色である。以前にはこの国道とテトラポットの下に浜辺があって、私の子供の頃にはこの浜辺で夏休みによく遊んだ。下段右は現在も道路がなく江戸末期とほぼ同じ景色を保っていると思われる隣市の海辺である。

たり、草が生えて手入れがされないままになっている所が多い。

新しい国道になって、自動車で走ることは以前よりもずっと快適になった。片方に山なみを眺め、もう一方に海や遠くの島々を眺めながら走る国道はドライブに最適である。しかし、古い県道沿いにあった小さな商店は古びた看板を残したまま次第に店を閉じた。近隣の住民は、あちこちの町で勤めるため車を利用し、遠くの大きな店で買い物をしてくるようになり、地元の小さな商店に入ることが減ってきた。住民が欲しいと思う商品も多岐にわたるようになり、小さな商店では揃えることもできず、次第に客足が遠のいた。地元の商店が無くなるのとは反対に、大きな国道をしばらく走り、比較的大きな町で、人家が多く集まっている所に来ると、今度は大型店舗がいくつも並んでいるような地域があちこちにできている。そこには広い駐車場が確保され、車で来るには大変都合がよい。そのような大型店舗がいくつもあるような地域は、実はその前、広い田んぼであった所が多い。日本の主産業が農業から商工業に移った典型的な姿である。近隣の住民は車を飛ばして、こうした大型店舗に入って買い物をするようになったが、こうした大型店舗のある町でも、新国道から外れた旧市街の商店群は、駐車場のないところが多く、客が減り、昼間でもシャッターを閉じている所が増えた。閉じた商店群を目にすると、思わず目を覆いたくなるほどである。

昭和三十年代から四十年頃には、数千人規模の町として活気があったような地域で、アーケード商店街ができ、スーパーマーケットや大型小売店がいくつかできるという時期もあったが、町の規模が小さいと商店街だけでなく、大型小売店も閉店を余儀なくされている。小さい町で大型小売店舗が出来ると、商店街の打撃は顕著で町全体の活気を奪っていくのがよく見える。自分の住む集落の近くにある店が無くなり、近くの町の小売店や大型店舗までが店じまいをするようになると、人々は一〇キロ、二〇キロ先、さらには三〇キロ先の大きな町のスーパーなどに車に乗って買い物に行くようになった。地方に住む者には、車はますます必需品になり、車の無い暮らしは考えられない状況になっているが、道路の整備が車を必需品にするのは当然のことではある。

平成元年にJターンして、四国内を随分走ってみた。その中でこの間の変化の一つに国道沿いにあったドライブインやレストランなどの著しい減少がある。ドライブインというのは、大きな道路のあちこちにあって、食事や喫茶が出来、トイレはもちろん、土産物コーナーなどもあって、洒落た雰囲気があり、ドライブに出かけた者がその途中で利用することができた。このように説明すると、今日、あちこちにある「道の駅」と同じように感じてしまうが、道の駅程の規模はなく、経営主体も個人や会社が多く、道の駅とは全く違うものである。トイレはあるが、通常、その使用が店を利用する者に限られるので、トイレ使用だけでも気軽にできる道の駅とは違っていた。国道沿いには、ドライブインだけでなく、喫茶店や、飲食店、土産物屋などが沢山あったが、今日ではかなり少なくなり、活気もなく、客足が一層遠のく事態になっている。国道沿いのこのような事態は、国道に並行して高速道路が出来たところでは、一層顕著である。道の駅が出来た国道などでは、従来のドライブインやレストラン、喫茶店や土産物屋よりも道の駅の方が充実していることもあって、ドライバーは道の駅に寄るようになっている。

数十万人を抱えるような都市においては、道路の発達がその地域の活気を作りだし、多くの人が住む地域になることがあるが、それらの都市を離れて農山村に行くと、新しい道路が出来ても、人口減少に歯止めはかかっていない。交通の便が良くなると、農山村の住民はそこに住み続けるよりも、もっと便利な所に住居を移そうとする。国道などの主要道路はその性格からして都市と都市を結ぶが、その途中で農山漁村を通過する。だから、新道は農山漁村にとっても利のあることと思いがちであるが、新道が出来たことで人口が増え、過疎化が緩和された地域を見つけることはかなり難しい。そんな所は、大都市近郊以外では殆ど見つからないだろう。道路が良くなり、交通の便が良くなっても、それは農山村にとってだけ便利になるのではなく、都市にとっても便利になり、過疎化の解消にはなり様がない。大都市では一層便利にするため、その都市から放射状に何本もの道路が作られていくが、農山漁村にとっては一本の道路が通過していくだけのことが多い。都市にはその周りの地域から様々な物資が集まってくるが、農山漁村地域では店も減って、物資はやって来ず、大きな町や都市に車で買い出しに行くしかなくなってくるのである。

27 移住に伴う様々な問題

個人が、移住、つまり居場所を変えようとするとき、どのような問題が起こるだろうか。国家や自治体、勤務する会社等の方針や転勤命令等により移動する場合は個人による選択の余地は小さいから、あれこれ考えてみても仕方がなくて受動的に決まることが多いが、個人が居住地の環境や心境の変化によって移住・移動しようとする場合は、自分で判断し、決断しなければならないことがたくさんある。

もっと遣り甲斐のある仕事に就きたい、収入の多い仕事に就きたい、大きな事業を展開したい等と思っている人もあれば、現在の仕事が自分に合わない、もっとゆとりをもって仕事をしたい、健康を維持できる仕事をしたい、子供が健康に育つ環境を確保してやりたい、自然環境が良いところで住みたいといった色々な理由があって移住を考える訳であるが、移住を決意するなら、一番大事なことは、自分が何を一番大事で譲れないものと考えているのかを、整理しておくことである。世の中には、「自分探し」を目的として、とりあえず移住するという人もいるようだが、本当は自分探しを移住の前に終えておく方がよい。

移住する人間が単身者である場合と、妻帯者、さらに子供がいる家庭、親が加わる場合など、共に移住する者が多ければ多いほど、判断すべきことも増えてくる。

移住を考える者が独身者である場合は、自分の考えだけで決められるが、妻帯者の場合には、伴侶の意思を十分に尊重し、同意を得なければならない。やりがいのある仕事をしたいとか、収入の多い仕事をしたいと思い、それが実現可能であると見込まれるような場合には比較的簡単に同意が得られるだろうが、都会での暮らしを止め、地方に行き、収入が減ることが予想されるような場合には、同意を得ることが難しくなる。一方、都会暮らしで子供の健康に悪影響があるような場合には、母親である妻が子供を自然の中で育てたいと思い始めて、本人より積極的になることもある。

自分だけでなく伴侶までもが、収入がより少なく、利便性の小さい地域への移住を決意するという場合には、この家庭がかかえる居住地への危機意識が相当高いレベルに達しているときであって、逆に、居住地に対する不満の度合いが小さければ、決断することは難しい。大企業に勤務しながら業績が低迷し、退職金の割増をつけて早期退職を求められたような場合に、退職を受け入れ、退職金を頼りに地方移住を決断するというような場合には、伴侶の同意は比較的簡単に得られるだろうが、勤務先が順調で、収入が安定しているようなときに、リスクの高い暮らしを持ちかけても、同意は得られにくいであろう。

自然豊かな田舎暮らしに憧れ、夢を膨らませ、家族に夢を語り、移住を持ちかけても同意しない伴侶はいくらでもいるし、おそらく同意しない伴侶の方が多いのではないか。伴侶にも居住地にたくさんの友人知人がいるとか、勤務先があるとか、その場の生活に慣れ、利便性を感じている、といったことがあってなかなか移住を受け入れられない場合が多い。場合によっては、近くに伴侶の親が住んでいて、面倒を見る必要があることもある。

私が知っている例では、田舎の母が亡くなり、一人で住むようになった高齢の父と暮らすためにUターンをしたいと妻に話したが、妻が応じなかったので、仕方なく自分だけ仕事をやめてUターンし、農業を手伝い始めたものの、結局妻とは離婚してしまった。自分の親をみるという理由があってのUターンでさえ、妻の同意が難しいのだから、自分の夢のためといった理由で同意を得ることはかなり難しい。

子供はともかくとして、伴侶の意思は十分に尊重しないと家庭が壊れる。自分の夢や都合を優先するか、家庭を優先するかは人それぞれだが、一生共に暮らすことを約束し合った者がその約束を反故にすれば、相手の怒りを買うのはわかりきっている。

都会に住み、仕事もやっていながら田舎暮らしを夢見るという場合に、自分の本当の気持ちを自覚しておくことは最も重要である。というのは、田舎は多くの住民が都会に出てしまい、捨て去った地域だからであり、決して暮らしが容易な場所ではないからである。テレビや新聞や雑誌や政府や自治体の宣伝に触発されて、田舎暮らしを夢見ても、それはしょせん夢である。人が夢を抱くとき、実現への強い意思を伴う場合と、反対に現実からの逃避が夢を膨らませている場合がある。逃避が目的であっても構わないが、肝心なことは本人が逃避だと自覚しているか、いないかである。人間、逃げるべきときには、しっかり逃げ切らなければならないし、逃げることは恥ではない。自覚していない逃避が一番よくない。現実から逃げ出したいだけの気分によって膨らんだ夢を叶えようと思っても、田舎はそんな夢を叶えはしない。理解しておくべきことは、田舎暮らし、農山村での暮らしができるほどの人なら、都会でも十分通用する人だということである。

28 移住後の仕事のこと

　移住しようとするとき誰でも一番気になることは、収入のことであろう。勤め人が転勤ではないのに遠くへ移住するときは、大抵勤め先を辞めることになる。そして移住先で新しい勤め先を探すか、自分で仕事を始めるということになる。定年退職者のように退職金をもらい、年金生活が待っている者であれば、心配なく、どこにでも行けるが、まだこれから何年も働かないと暮らしていけない働き盛りの人が移住しようとすれば、どのようにして収入を確保するかがとりわけ大きな問題である。医師とか、弁護士とか、建築士とかの資格を持っていて、どこででも事務所が開けるような人の場合はかなり楽に移住できるのだろうが、私のように運転免許証以外に何の資格も取得していない者だと、移住先での仕事は大きな問題になりがちだ。

　会社とか、団体とかに勤務している者、要するに賃金を得て暮らしをたてている者が、勤め先を退職して地方に移住しようとする場合、収入を得る方法は大まかに言って二つある。一つは、移住先で新たな勤め先を探すことであり、もう一つは、自営業を営むことである。

移住先で新たな勤め先を見つける場合は、自営業を営むことよりは簡単に収入の道が開かれるように思えるが、それでも考慮すべき多くの問題がある。大都市から地方に移住する場合、大きく言って二つの理由で収入はそれまでよりずっと少なくなる、ということである。一つは中途採用ということで、以前の勤め先の実績は無視されることが多いということである。二つ目は、地方の賃金水準は大都市での水準よりかなり低いということである。運がよければ、過去の実績が評価され、あるいはそれを期待されてそれまでより高い賃金を手にすることができる場合もないとは言えないが、それを期待して移住しても期待通りにいく保証は全くない。移住する前に、新たな勤め先を確保し、そこがそれまで以上の賃金を約束してくれていればまことに結構だが、そういうことは常ではない。賃金水準の低さは、毎月の収入のことだけではない。生涯賃金の中で大きな意味を持つ退職金についても少ない場合が多い。中小零細な企業では、退職金がないとか、あっても大企業や公務員に比べると十分の一程度とかいうのはざらである。また、退職金の算定基準は勤務年数比例ではなく、勤務年数が長い程、掛け率が高くなるものが多い。従って、三十年勤務して受け取る退職金と、十五年勤務を二回行って、退職金を二回受け取るのでは、受取額にはとても大きな差が出るということである。さらに、勤務実績と関わりのある厚生年金についてみても、高い給与を長い期間受け取ってきたものと、低い給与を受け取ってきた者とでは差が付く。

移住先で新しい勤め先を見つけ採用されると、それで万歳ということになるかというと、現実はそれ程甘くない。勤め始めてみると、採用先の経営が安定していないとか、仕事内容や勤務実態が自分の希望に合わないことがよくあるのである。賃金が安く、仕事内容や勤務実態が自分の希望に合わないということになると、移住に抱いていた夢や希望は泡のように消えて、悩ましい日々が始まるのである。

移住先がどの程度の都市、あるいは町村であるかによっても、勤め先の確保はかなり違ったものになる。県庁所在地のような数十万人程度の人口を擁する地域に移住する場合と、数万人程度の市、あるいは一〜二万人前後の町村に移住する場合とでは、求人の数や質には相当の隔たりがある。通常、大きな都市であればあるほど就職先の選択肢が多く、小さな町では選択肢は少ない。首都圏から地方都市に移住した場合、地方の会社では、大きな期待を持って採用してくれ、それまでより高い役職で部長とか役員待遇で採用されることもあるが、それがよい結果になるかどうかは勤めてみないと分からない。肩書がよく、与えられる仕事が多くても、給料は安いというのはよくあることである。

しかしながら小さな町であっても、求人がまったく無いわけではない。地方からは若い人がどんどんいなくなっているのだから、人がいなくて困っている会社もあるわけである。都会からやってきた人が欲しくてたまらない会社もある。だから待遇や職種にこだわらなければ職につくことができない訳ではない。

就職活動の結果採用されても、自分の希望に合う職種や仕事、待遇であるかどうかは、勤め始めてみないことには本当のことが分からないのだが、この問題にどう対処すればよいかというと、とりあえず勤務し、よく見極めて、自分の希望に合わない就職先はさっさと辞めて、他の就職先を探すことである。選択肢が多いほどよいということの意味はそういうことである。しかし、せっかく決まった就職先を辞めるということになると、無給の日数が増える。これが生活を壊すことになるなら、気にいらないところに甘んじるしかなくなる。それを避けるためには、自分に合う就職先が見つかるまで就活できる金を準備しておくことが必要である。

自分の希望に合わない職場ということが分かった時点で取り得る選択肢には、さっさと辞めることではなく、自分の努力でその職場を変えていく、成果をどんどん上げていくことで自分の位置や給与や待遇を変えていくという選択肢ももちろんある。選ぶのは自分である。辞めるとき、給与や待遇について不満を述べると、採用した側からは「がんばれば上げてあげる」という言葉が返ってくることがある。どうしてもその職場を辞めて他を探したいときには、決して不満を述べるべきではない。職場の問題点を指摘するのではなく、自分が引き下がって、自分はその職場の要請に応える力がないと詫びるべきである。自分がその職場の問題点や課題を述べるときは、その職場を改善し、そこで頑張るときである。

大都市から地方に移住する場合、とにかく大都市から離れ、自然豊かな地方に住めればそれだけでよいと思っていても、現実に自分に合わない仕事を安い賃金で働くことになって、それを受け入れられる自分であるのかどうか、自分自身に確かめておくことも必要である。

移住して収入を得るもう一つの方法、自営業者になる場合には、自分の裁量で自由に仕事ができるとも言えるが、よくよく考えておくべきことも多い。もともと自営業者である者が地方で新たに出発するという場合は、一から出直しということはあるものの、比較的楽な出発になるだろうが、それでも大都市とは違って企業や個人の数がずっと少なくなる地方での経営は、普通はそれだけで顧客を捕まえるチャンスが少ないということになる。大都市住民には需要が少なく、地方に住む者にこそ需要があるというような業種であれば、地方の方が有利だが、そのような業種であるのかどうかは明確にしておくべきだ。

企業に勤めている者が退職し、地方移住して自営業を営む場合に、それまで勤めていた企業の中で培った知識や技術を活かして経営を始める場合は、簡単に行きそうに思えるが、それでも問題がある。企業の中で得た知識は製品やサービスに関する知識が多く、経営に関する知識が乏しくて、走り始めるとそれまで気にしていなかった仕事がどっと降りかかってくることに気が付く。例えば、会計処理や雇用に関わる実務、税務、財務、労務などの仕事が出てくるのである。これらは法律によって決められた実務を伴うので逃げるわけにいかない。企業の中で経営全体から言えば僅かな仕事を任されていただけの者が、そこで十分にできていたから企業経営を始めても大丈夫とは必ずしも言えないのである。

小さくても起業すれば、単なる技術者や従業員ではなく、経営者とならなければならない。

経営者となれば、会計や税務、財務、労務などに関わるだけでなく、業界の状況や人々が何を求め、どこに向かっているのか、勉強することが山ほど出てきて、しかもこれでよいという地点がない。

それまで勤めていたところの仕事と関係なく、自分にとって全く新しいことをやろうとする場合には、その知識や技術、資格などの取得が必要になる。退職する前に周到な準備をして、退職、移住、起業を一気に行えるようにできていればよいが、退職、移住の後がスムーズに行かないというのでは時間だけでなく、お金の浪費にもなってくる。

起業する場合には、知識や技術、資格の他、始めるための資金、資本が必要である。起業のためのお金を貯めているかどうか。制度的には、色々な職業訓練や資金補助の制度があって、これらに頼ることが多いが、何もかも補助に頼るとすれば、経営の将来も絶えず何かに頼るということになりかねない。覚悟があるのなら、支援や補助頼みの起業は慎んだ方がいい。自分の力だけでやれる計画をたて、頑張った結果、予定通りにいかないときの保険として補助を頼むということが本来の補助のあり方であり、最初の計画からして補助頼みというのでは、先は見えているようなものである。

過疎化している地域で、カフェやレストラン、パン屋、うどん屋などを始める人をよく見かける。が、成功していそうに見える店もあるものの、苦しそうだとか、店じまいをしてしまったという店もよく見かける。

周りに人が住んでいないところで商売をしようとするのは、魚のいない池に釣り糸を垂れるようなものである。普通は、店は多くの人が行き来するところ、集まるところ、集まる時間を狙って開くわけである。それに反して人の数が少なく、人通りがなく、人の集まりがないところで店を開くとすれば、それらの弱点を補う強みがどこにあるのか、何をもって補うのかを明確にしておかねばならない。

私も時々利用するのであるが、全くの山の中でありながら、家の周りを切り開き、新たに木や花を植え、静かで居心地のよい佇まいを作って、美味しい食事を出し、遠くからドライブがてらの客を集めているカフェもある。客を集めているのだから成功しているようにも見えるが、中身は外からでは見えない。店舗だけでなく、外回りまで手をいれるということになると、それだけ資金や時間がかかるということである。

また、カフェやレストラン、パン屋、うどん屋といった商売を始める場合には、店舗が必要であり、店舗を確保するにはかなりの資金が必要になる。溜めた金を使うか、借金するか、店舗を借りるかということになる。自己資金や借金で始めた事業は失敗すると自分を追いつめることになる。店舗を借りると売り上げを大きくしなければならない。

しかし、商品によっては店舗が不要な商売も無くはない。自宅を事務所にして、自分が営業に出て買手を見つけ次第、商品を仕入れて売りさばくというやりかたである。店舗を持たない商売は、持つ商売よりもずっとリスクが少ない。ただ、店舗を持たない商売は信用度が低くなる。このような商売をするにしても、人が少ない過疎地に居住地を置くよりは、人が多い地域でするに越したことはない。

インターネットの発達で、店舗や営業がいらない働き方をする人もある。地方の山の中に住みながら、インターネットで東京からの仕事を受け取り、処理して送り返すことによって収入を得るというような働き方である。現代的な働き方と言えば言える。よいときは、これでもよいと思うが、私はこれで二十年先、三十年先まで暮らせる見通しが立つのか、という気がしないでもない。雇用ではなく、仕事を受け取り、処理して送り返し、代金を受け取る、というのは仕事としては完結しているように見えるが、会社に勤めている者には確保されている社会保険、労働保険の適用が無い。賞与も無ければ退職金もない。自営業者として国民健康保険や国民年金に入り、一定以上の所得があれば所得税の申告もしなければならない。一〇〇〇万を超える年収を確保している人がいるというようなことを聞くこともあるが、生涯を通しての収入が確保できないと、年をとってからの暮らしが成り立たなくなる。

29 移住後の住居

地方移住にあたって、仕事の次に問題になるのは住居である。

Uターン者の場合は、生まれ育った地域に帰る、両親の住む所に帰るということであるから、住居の問題はあまり問題にならないことが多い。親が子供の帰りを期待して、住む家、部屋を用意していることが多いからである。用意していなくても、独り身なら子供のころ住んでいた部屋に戻ることもできる。

問題なのは、Jターン者、Iターン者の場合である。殆どの人が、新しい住居を確保しなければならない。住居確保には次のパターンがある。まずは住宅を購入するか、借りるかである。購入する場合は新築物件か、中古物件である。借りる場合には、家賃の他、敷金・礼金だけの場合と、格安だが建物に手を加えなければならない物件とがある。

購入すれば、新築でも中古でも自分の所有になるから自分の資産になるが、購入には金が必要なので、預金を当てるか、他の資産を現金化して当てることになる。あるいは、ローンを組む、つまり借金するということである。借金すれば、毎月の支払いが生ずる。

購入資金を借金でということになると、移住者の場合、就職先が決まっていること、支払可能な収入があることが前提になってくる。就職や仕事が決まっていない者に金を貸す銀行を見つけるのは難しい。そうなると、とりあえずは借家かアパートを借りるということになりがちである。家賃を払いながらの購入資金づくりもなかなか大変である。借金する場合は、元金返済だけでなく利息の支払いが必要である。しかも長期にわたる支払いになる。長期にわたる住宅ローンの支払いは、人生設計の中で大きな位置を占める。二十年、三十年の長期ローンを支払い続けるためには、その家に住み続ける意思と支払資金の確保が必要である。もし、払えない事情が生じても、手放せば済むことも多いが、手放せないと厄介なことになる。手放すためには買手が出てこなければならないが、人口減少している地域では、なかなか現れないこともある。不払いを続けると競売にかけられることもある。

工夫して、借金なしで買うことが出来れば、それが一番いい。家賃が要らないし、返済が無く、利息も払わなくてよい。発生するのは固定資産税、火災保険、修繕費くらいで、家賃や利息よりもずっと少なくて済む。気分的にも、そうとう楽なる。

現金で購入する場合、新築物件と中古物件のどちらにするべきか。準備できる金額にもよるが、長い年月を使うものであるから、使い続ける上で発生する修繕費を考えると新築がよい。建物は建っているだけで消耗する。年数が経っている物ほど傷みが多くなる。台所、風呂、トイレなどは設備が古いと、改善したくなってくる。そのような費用が結構大きくなってくるのである。しかし、新築だったら修繕費がかからないかと言えば、そうではない。特に近年の住宅は高い割に長持ちしない。二十年か三十年くらいの使用を予定して作られているようなものもある。新築でも長持ちさせるためには、十年目くらいには補修をしておくべきである。これをするかしないかで居住可能年数が違ってくる。中古物件には、補修して売りに出されている物もあるが、すぐに補修が必要になる物もある。高めではあるがきちんと補修されている物件と、安くはあるが補修が必要な物件と、よくよく吟味して、将来の不安のないものを選ぶことが必要である。

私の知っている移住者は、茅葺の家が気に入って、これを購入し、自分で修繕し住んでいたが、次第に家族の不満が大きくなり、結局隣に新築し、茅葺の家は壊してしまった。田舎の中古物件は人それぞれの好みが分かれる物件であり、多人数で住む場合には住む者の思いを十分くみ取っておくことが大事だ。

過疎地では、人が住まなくなって久しい家が格安というか、只に近い金額で貸してもらえるような物件に出会うことがある。そして、住むために必要であれば、自由に修繕してよいという物件である。自分で修繕すれば、お金をかけなくて済むようにも思える。しかし、自分で修繕するにしても、材料まで自分で作ることは難しい。自分がやる場合は、自分の時間を取られる。このような物件でも、それなりのお金がかかるし、時間がかかるのである。時間もお金もあれば問題ないが、ないと不便な暮らしをすることになる。ＤＩＹ流行りの今日だから、自分が時間をとって修繕していきたいと考える人もいる。それならそれでよいとも言えるが、借りている家は、あくまでも家主の物件であるから、金や手間をつぎ込んでも自分の物ではない。将来的にも家主とのトラブルにならないように念を押しておくべきだ。

30 移住後の人間関係

農山漁村、田舎での暮らしには都会にはない人間関係がある。都会では満員電車やバスに乗って通勤し、他人の肩や腕に触れながら、挨拶も交わさないで立ち去る日常があり、それが当たり前である。いちいち挨拶でもしようものなら、相手が不審に思ったり戸惑ったりする。しかし、過疎地の農山村では、人に出会うことが珍しく、しかもそこに住んでいる人たちはみんな顔見知りであるから、見かければ挨拶をするのが当然である。そして、その住民たちはお互いに暮らし向きや、健康のこと、子供のこと、夫婦仲のことなど、細かいことまで知っている。口にしなくても、殆ど分かっているのである。都市では隣に住んでいながら、冠婚葬祭があっても知らないまま過ごすことが当たり前のようにあるが、農山村では知らぬふりは出来ない。

子供のことや、学校のこと、公民館活動や消防、道路や共有地の管理、水の管理、ＪＡや森林組合、寺や神社や祭りなどの活動があって、その地域の住民として溶け込むにはその活動に入っていくことが必要になる。ときには選挙運動に駆り出されることもある。そうした活動が好きな人には楽しい暮らしになるが、好きでない人や、どちらかというと面倒な人もいる。これらの地域には、そこに生まれたときからずっと住んでいるにも関わらず、そうした活動や人間関係が嫌で堪らないという人もいて、それが理由で出ていく人もある。殆ど怒りと言ってもよい程に嫌いな人もいる。外からやってきて、こうした人間関係や活動が嫌だという人は、このような地域に住むには不向きだ。都市では、役所が担っているような事柄が、農山漁村地域では、お互いの役割分担や助け合いで支えられていることが多いので、このような活動をボランティアとしてやる必要があるし、濃い付き合いが必要なのである。しかしながら、そのような地域であっても、その自然環境が好きで、そのような活動や人間関係を一切しないでその地域に住みたいと考える人に可能性が全くないということではない。それは、周りの人々と一切の関係を持たずに、自分の暮らしの問題を全て自分で解決する力を備えておくことである。そうすれば、地域住民はその人をよそ者として、無視して暮らすだけである。

過疎化が進んでいる地域に今もって住んでいる人たちは、その地域では裕福だった人が多く、昔ながらの考え方や習慣を守って生きている人が多い。暮らし向きが困難な人たちは早い時期から、もっと豊かな暮らしを求めて都会へと出て行っているのである。だから都会に住む人とは考え方が違うことも多い。古い習慣を守り続けている人たちの考えや振る舞いが、そこに住むことは耐え難いと感じる女性を生み出し、若い女性が出て行き、残っている跡取り息子にとっても結婚が難しくなっているような地域もある。そうした古くから続いている考えや習慣を自分が受け入れられるのかどうかもよく考えておくべきことである。

31 過疎地移住は、過疎問題を受け継ぐこと

過疎化している農山漁村が抱える問題は、人が少なくなり、高齢化が進んでいるといった問題から、様々に広がりをみせている。学校が無くなって地域のまとまりが無くなったり、店が無くなって買い物が不便になったり、道路の管理ができなくなったり、野生動物の被害が大きくなったり、ボランティアで成り立っていたことが少人数でしなければならなくなったり、仕事が無くなったり、といった風に解決しがたい問題が次第に増え、解決の見通しが立たないのである。こうした地域へ移住すれば、それらの問題を自分もまたそっくり請け負うことになるのである。過疎地が過疎化によって生み出した解決困難な問題は時間の経過とともにさらに困

難になってくる。もともと農山村に生まれ育って今までそこで生きてきた人が、その地の過疎による困難な問題に立ち向かうのは当然である。過疎に困り、後継ぎがいないと嘆くのであれば、自分たちの息子や娘たちを呼びもどすべきであろう。自分の子供たちを都会に出し、そこでの出世を願いながら、血縁のない人たちを呼び込もうとしてもうまくいく見込みは小さい。それにも拘わらず、見知らぬ地、血縁のない地域に行き、そこで暮らそうと考えるなら、それ相応の覚悟と準備が必要であることは言うまでもない。特に二十代、三十代の若い人がそうするのであれば、三十年後、四十年後の自分が、そこでどのような暮らしができるのか、しっかりとした展望をもっていなければ、無残な老後を迎えることになる。

32 私の移住体験

ここからは、私自身の移住体験、Jターンに関することである。

この稿は、実は「愛媛大学社会共創クリエイター育成プログラム」修了レポートとして提出したものに多少手を入れたものである。このプログラムの受講目的が、この本の出版を準備することであったから、この本にこのレポートを含めるのは目的に沿ったことなのである。

(1) 何故「移住論」なのか？

それは、私が二十代、三十代を首都東京で暮らし、四十歳直前に松山市にJターンした者のひとりであり、近年、大都市に住む若い人たちに地方移住願望があり、政府や自治体も地方移住に深く関わってきているからである。地方移住にも、Uターン、Jターン、Iターンなどと色々な形態があり、人それぞれに違った事情のもとで行われていて、一からげには議論できない。ただ、私には、個人の意思で行われる移住に関して特に異論はないが、行政が関わることに違和感があるのだ。

私自身は、大学卒業と同時に東京に出て、十六年後にJターンした身である。私のJターンは、私だけの意思によるものであり、誰にも相談しなかったし、移住にあたって誰かの支援や補助を受けるということも無かった。そういうことを一切せずに、全く新しい人生を始めることが移住の目的であったからである。私の移住は、行政が関わる地方移住とは全く違うものであった。現在、Jターンして二十九年目になるが、この間この移住に後悔はもちろん、難しい問題に直面したことは一度もない。三十九歳のときの移住であり、六十七歳の現在まで、人生の後半を松山市で過ごしてきたが、今では、移住の目的を完璧に達成することが出来たと思っていて、自分の人生にも満足している。

私は、学者とか研究者ではないから、「移住論」と言っても、移住に関する統計や移住した人たちの暮らしぶりについてデータや実例を持っている訳ではない。そういうものに基づく分析は私には無理な話だ。私にできることは、Jターン者の一人として、何故東京に出て、何故Jターンしたのか、Jターンして何をしたのか、その結果が、そして暮らしがどのようであったか、ということについて整理してみる、というだけのことである。

そういう訳で、大まかに自分の過去の歩みから紹介したい。

(2) 私のこれまでの歩み

私は昭和二十四年（一九四九）九月に、現在の大洲市の農家の二男として生まれた。昭和三十一年四月に海が見える高台の小学校に入り、三十七年四月に小学校と同じ校舎の中学校に入学、四十年三月に海の傍にある隣の中学校を卒業した。通っていた中学校が三十九年四月に合併・閉校したからである。昭和四十年四月に松山の高校に入学し、四十三年四月に地元大学に入学、四十八年三月に卒業した。大学卒業に五年を要したのは留年ではなく、大学紛争から距離を置くため一年間休学したからである。大学卒業してすぐ東京に行ったが、就職はしておらず、四十九年の十月に建設労働組合の常任書記になった。この組合で十四年半勤務したのち平成元年二月に退職し、松山市へ居住地を移した。

小中学校の頃には、ミカンの消毒作業や収穫、田植え、稲刈り、麦刈り、植林、炭焼き、薪割、シイタケの菌植、宅地作りなど様々な手伝いをした。この頃の農家の暮らしや農作業に関しては、今でも沢山の記憶がある。祖父母には沢山の子供がいて、叔父になる一番下の子は私と四歳しか離れていなかったが、下宿して松山の中学、高校に通い、数学や物理学が好きで、その影響を受けて私も中学のときにひとりで高校程度の代数や微分を勉強し、高校では数学で点数を稼いでいた。一方、私の兄は中学のとき、授業時間中に社会問題について熱心に話す先生がいて、学校の行き帰りに毎日のようにそれを話していた。その影響で中学の頃から、私は社会問題にもつよい関心を持つようになった。中学生の頃抱いた夢は様々で、数学者になりたいとか、野球をやりたいとか、宇宙ロケットや原発の開発者になりたいとか、政治家や社会運動家になりたいとか、自給自足の農業をしたいとか、文学者になりたいとか、様々であった。誰もが一度は抱くような夢であった。

高校の頃、何らかの夢の実現のために目標を定め、それに向けた勉強に打ち込んでいれば、何者かになったかもしれないが、授業時間以外の勉強は往復二時間の汽車の中でしただけである。予習も復習も宿題も汽車の中でやっていた。学校の授業が終わると、コンサートや観劇に行き、演説会や講演を聞きに行くことがよくあった。学校での勉強よりも校外活動に熱心な高校生だった。学校の教科書より、海外文学や社会科学の本を読むのが好きだった。

大学では、一年目は平穏で勉強が面白かったが、二年目に入って東大紛争のあおりを受けて、学内は騒然とし、法文学部、理学部、教養部、文理学部の自治会が無期限ストライキに入り、法文学部の建物が一部学生により占拠、封鎖された。数か月続いた封鎖は占拠反対派学生が実力解除し、署名を集めて学生大会を開き、無期限ストライキを解除し、新しい執行部が選出されたが、暴力行為が増加した。無期限スト、占拠封鎖反対派だった私は身の危険を感じて一年間休学し、東京でアルバイトと酒と映画などで時間を潰し、人生について「生きることの意味」を考えた。自分が得た答えは「生きることに意味はないが、死ぬ理由もない。生まれてきたからには命がある限りしっかり生きるべきだ」ということであった。今でも、これ以外の答えは持っていない。

大学を卒業しても就職せず、東京に出たのは一つの夢を持っていたからだ。学者になりたくて大学院に行きたいと思っていた。この当時は現役で入れなくても浪人して大学院を目指す者が周りに何人もいたからである。大学院に行く者は、この当時は今ほど多くなかった。しかし、この夢は二か月ほどであっさり諦めてしまった。自分の学力の低さと頭の悪さに気付いてしまったからだ。友人、知人の中には浪人して合格した者が何人かいたが、私はそこまで頑張る気になれなかった。夢の一つであった学者への道は消えた。

大学院を諦めたので、就職探しを始めたが企業への就職はもはやできなかったし、教員免許も取っていなかった。国家公務員試験はハードルが高すぎるし、市の募集は年齢が過ぎていた。

東京都の試験を受けたが、大学で専門外の科目ばかりだったので、結局歯が立たなかった。新聞配達、菓子屋、印刷所、生協などでアルバイトをして食いつないでいたが、建設労働組合の常任書記の募集があったので、面接を受け採用が決まった。社会運動、労働運動に携わることは以前からやってみたいことの一つだった。

この建設労働組合には当初三年くらいのつもりでいたが、結局二十五歳から三十九才までの十四年半勤めた。この組合の構成員は年齢が四十五歳から五十歳くらいの建設職人が多く、役員は六十歳くらいの人も多かった。私が勤務した支部は当初六〇〇人ほどであった。組合全体では三十八支部で三万人以上いた。支部の執行委員は非常勤の一般組合員がやっているが書記次長職だけは常勤の書記が勤めるのが通例だった。書記は数名いたが、二十九歳のとき、時々言い争っていた書記次長が次長職を私に明け渡した。書記次長になったその年の組合員を増やす活動で大きな成果があり、翌年の人事では書記長に推挙された。常勤の書記長は例が少なく、書記次長と書記長では組合内での発言力が全く違ってくる。私のこの発言力の増加は間もなく非常勤の委員長との間に激しい軋轢を生みだし、委員長との対立だけでなく、他の組合員とのいざこざも生まれた。この軋轢は数年続いたが、私が委員長を任期途中に辞任させて終わった。委員長の年齢は六十五歳くらいだったと記憶している。次の委員長代理には私が推薦した副委員長がなった。三十代半ばの若造が自分の父親のような年上の役員の首のすげ替えをやってしまったのである。委員長辞任の翌年、親しかった役員の勧めで、同じく親しかった別の役員に書記長をお願いして、私は書記次長になった。私に対する風当たりに配慮してのことだった。この新しい書記長は日頃から私が信頼し、家に度々訪問して様々な話をしていた人だった。

支部レベルでは委員長との軋轢だったが、本部レベルでもコンピューターシステムの導入に関して激しい対立が生まれ、数年にわたる内紛になり、私も深く関わっていた。いざこざはいっぱいあったが、この組合に勤めていた間に色々な知識を身に付けることが出来た。あとあと役に立ったのは、会計、税務、コンピューターなどに関する知識である。税務に関しては組合員に対してなされた税務調査と一二〇万円の追徴課税、更生決定に異議申し立てをし、税務署と半年ほど闘って八〇万円を取り戻した。下請け代金を貰えない組合員に代わって元請にかけあい何度か代金を支払わせた。市に対して署名を集めて住宅環境改善資金融資制度の新設を請願したが市がなかなか取り合わないので全国の自治体の実施例を大量に印刷して団体交渉して捻じ込み、新設させた。

この組合に勤めていた間は、殆ど全期間にわたってここに書ききれない争いがあり、闘っていた。そのような日々のある夜、半年ほど前から腹と背中の中ほどに感じていた傷みが激しくなり、恐怖を感じて、近くの友人に電話をし、救急車を呼んで病院に入った。急性膵炎と診断され、一週間ほど入院した。病院は急性膵炎と診断したが、本当は膵炎ではなく、ストレスによる神経性の痛みだったのではないかと思っている。

どの争いもみな抑え込んだが、次第に自分の生き方に何か満足できないものを感じて、「生き方を変えよう」という思いが募ってきた。それまで関心を持っていなかった本や、批判的にみていたような書物を読み始め、休日にはドライブに出かけることが多くなり、富士山が見える富士五湖あたりの喫茶店で一人コーヒーを飲み、束の間の安らぎを得るようになっていた。自然の中に身を置くことの心地よさを実感しはじめていた。私の家主でもあり非常に親しかった一つ年上の書記とは、夜な夜な酒を飲みながら様々な話をする中で農業の話をすることもあった。

様々な争いを抱えているということ以外に、この組合に勤務する上でもう一つ大きな負担があった。この組合は個人加盟の組合であり、組合員は当然ながら昼間働いている。組合の役員は組合員である。だから組合の会議、会合、行事などは通常、夜とか休日に行われるのである。それに書記も同席することになるから夜や休日の残業があるのである。残業は会議だけでなく、イベントや行事、オルグ活動があり、月のうち半分くらいは残業があった。残業もまた精神的かつ肉体的な負担になっていた。精神的かつ肉体的な疲労は食に走り、極度の肥満になった。四〇パーセント近くの肥満体になっていた。

このようなある日、一つ年上の親しかった書記が長野県の山の中にある茅葺の家を買い、退職して自給自足の農業をすると言い始めた。ウソだろ、と思ったが本気であることが分かり、私も時を同じくして退職し、Ｊターンすることにした。

このときの決断は早かったが、それは私の中にＪターンできる条件が揃っていたからである。

私が東京に出た理由は大学院に行きたかったからだが、それだけが理由ならそれを諦めたとき愛媛に帰ればよかったとも言える。しかし、そのときには戻っても自分にできることは何も無いように思っていた。その後、祖母から、帰ってきて兄を助けてやらないかと言われたことがある。それに対して私は何も答えなかったが、そのようにすると自分の将来を描くことが出来なかったからである。「風呂なし・共同トイレの四畳半アパート」を借りる金さえ持たずに出てきて、アルバイトしかしたことのない自分が、何の職も金も身に付けることなく、手ぶらで実家に戻ることは、惨めすぎて出来なかった。

けれども、Jターンを決断したときには、職にもその後の生活にも大きな不安はなくなっていたのである。組合の仕事は精神的にも肉体的にもかなり厳しいものになっていたが、それでも仕事に関する沢山の知識を身に付けることが出来たし、金銭的にもその後の暮らしの基礎が出来ていたのである。十四年半の組合生活は私にとってかけがえのないものであった。

三十九歳になったばかりだったが独身だったので決断は簡単なことだった。家族があったら、この決断は出来なかったと思う。この決断の半年ほど前の二月末、実は一つの事件があった。組合の事務所が泥棒によって放火され、事務所と隣の一戸が全焼したのである。あばら家のようなプレハブに仮事務所を置き、事務所再建の途中で退職を決めた訳である。事務所消失の後始末、事務所機能の回復、事務所再建は私の仕事だったから、これらをやり遂げるまでは在職することにして、事務所落成四カ月前の執行委員会で退職を表明し、書記次長職を信頼していた後輩に引き受けてもらった。完成した事務所の落成祝賀パーティーを中座して、その日の午後に羽田から松山に飛んだ。機内から東京を見下ろし、「また東京に来ることはあっても、二度と東京に住むことはない」という思いに浸っていた。その一年後、組合支部では私と対立していた役員や組合員が意欲を失い、私が書記長をお願いした人が委員長になり、書記次長職を引き継いでくれた私の後輩とともに目覚ましく発展させた。私の退職は組合の転機となった。

以上が、Ｊターン前の大まかな私の人生である。

(3) どのような生き方を求めたのか

建設労働組合に勤めているとき、様々な争いに明け暮れていたが、これは特段異常なことではなく、労働組合の専従書記として生きている以上、当たり前のことである。労働組合は一人では弱い立場に置かれている労働者が集まり、団結して企業に対し賃金や労働条件の改善を求めるのである。働く者の立場に立って労働環境の改善や整備をすることは企業にとっても悪いことではない。組合が無く、問題を放置しておく方が企業にとって危険なこともある。

私が、勤めた建設労働組合はゼネコンなどの大きな建設会社で働く者の組合ではなく、個人やせいぜい数人の職人を抱える大工や左官といった建設職人、親方の個人加盟の組合である。したがって、企業内労働組合のように交渉する雇用主はいない。親方は住宅建設や工事の一部を請け負うが、職人は働いた日数分だけ日当を貰って働いている。一人親方という者もいて、この場合は職人を抱えず、住宅や工事の一部を請け負って自分が施工するのである。こうした、働き方をしている人には、常時仕事があるわけでもなく、雨が降ると働けない仕事もあり、この場合無収入になる。病気になると収入の道が絶たれ一人孤独な生活に追い込まれるのである。こうした職人には、東京で生まれ育った者も当然いたが、地方から出てきた人が多かった。この組合を組織したのは、国会議事堂の建設に石工として働いていたという人物であった。この人が最も重視したのは健康保険である。当時、企業で働く従業員には医療費の八割給付（十割給付の時期もある）とか、長期休業したときの休業補償があったが、建設現場の職人には休業補償が無く、自治体の七割給付の国民健康保険しかなかったのである。この人を中心として組織された組合は、自治体の国保ではなく、組合を母体とする国保を設立した。これは国が認めた国保である。この国保には母体の建設労働組合の加入者だけが加入できた。これは国の制度だったから、全国にいくつもの国民健康保険組合が作られた。しかし、私のいた組合は他の組合よりも強みを持っていた。他の組合では八割だった医療費給付を十割給付にし、高額の休業補償を給付し、さらに国保ではなく組合の共済制度として休業一日二〇〇〇円の共済金を出すようにしたのである。

労働組合は、働く者の労働環境や生活環境を改善することを目的として組織されるのであるから、この組合国保の設立は画期的なことであった。これによって多くの建設職人、労働者が組合に入ってきた。国保には当然ながら国や東京都からの補助がつく。補助を増やせば国保の内容は一層充実し、経営も安定し、さらに多くの職人、労働者を組織することができる。組合を大きくすれば、より多くの補助金が要求でき、健康保険以外の様々な問題の改善にも取り組むことが出来る。組合はこの組合国保を中心に据えて組合員を増やす運動、組合員拡大に全力で取り組んだのである。組合員拡大は組合の最も重視する活動になり、毎年二か月にわたる月間が設けられ、月間中には多いとき一晩で五〇〇〇人程度の組合員が勧誘のため未加入の職人たちを訪問していた。組合員はどんどん増加した。私が入ったとき三万人余りだった組合員数は、退職のころ七万人程度になり、その後十三万人くらいまでになった。私がいた支部は入った当初六〇〇人だったが、退職時には一五〇〇人を超え、その後二五〇〇人を超えたようである。この国保と組合員拡大によって、職人の生活が改善されたことは間違いない。だが、職人の暮らし以上に生活が向上したのは、常勤の組合書記の暮らしである。組合員が増えると組合収入が増え、財政状態が良くなると書記の給料が上がる。書記の給料は毎年のように上がったが、職人の日当はなかなか上がらず、横ばいのままだった。組合は賃金運動にも取り組むが、組合の中には職人に日当を支払う親方がいるし、親方は誰かと請負契約をしなければ仕事がない。親方が仕事を取るには請負額を大きくするわけにはいかないのだ。

組合員を増やす取り組みは、組合員や特に役員となっている者には大きな負担になった。月に何日も集まって未加入者宅を訪問するのである。だから、組合員を増やすことには異論がなくても、大きな負担には組合員の受け止め方に相違が出てくる。組合活動に対する考え方の違いが生じ、激論が起き、対立が生まれる。組合のように人が多く集まるところでは、方針を明確にしてそれを推進しても、反対に何もしないでいても、議論が生まれ、議論が度を越すと対立が生まれる。人それぞれに思いも考えも違うからである。

だから、このような場所に身を置くことは、争いごとの中に身を置くということである。人が二人以上集まると、どこでも大抵、主導権を巡って争いが起こる。早い話が夫婦の間でも、兄弟の間でも争いが起こる。集まったものが親密な関係を持とうとすればするほど争いが起こるのである。人の集団である国には国会があり、議員が集まるが、議員は選挙という闘いに勝利して議員になり、議員は政党に所属して他の政党と闘って自らの政治理念を実現しようとする。集団の中では多くの人間が主導権を得ようとして仲間をつくり、徒党を組むのである。だから組合の中でも色々なグループが出来て、それらが相争うというのは普通のことである。普通のことではあるが、争いには勝ち負けがあり、精神的な苦痛を伴うことが多い。勝っても、苦痛を伴うことが多く、そのような世界では精神的にタフな人間でないと身が持たないのである。争っても、その争いの中から新しい合意が形成され、それによって組織が一層強化されるということもあるから、争い自体を特段問題にする必要がないとも言えるが、私はそのような境地にはなっていなかった。いつも誰かと争っていたが、争いたかったわけではなく、反対に争いたくなかったのである。私の場合、派手な争いになることが多かったが、ある同僚はその原因について、私が「負けるケンカをしないからだ」と言っていた。負けても小さいケンカをすれば大きくならないというのである。争いを避けようとするから事が大きくなるのだという訳である。しかし、私は小さなケンカも大きなケンカもしたくなかったのである。世の中にはケンカをしたり、争うことによってその前よりも仲良くなったり、親密になったりするという話もある。しかし、私の場合は決着しても仲良くなったことはない。後味が良くないのである。

私がＪターンを決意した背景とはこうしたものだったのである。だから、Ｊターン、移住の目的は自分には明確だった。人と争う生活にはピリオドを打とう、徒党を組むのはもう止めよう、政治や労働運動、社会運動などからはすべて身を引き、仕事に追われることなく、田舎でのんびり暮らそう、自分の子供の頃の夢の一つだった百姓をやろう、ということだったのである。そして、その後今日までこの決意が揺らいだことは一度もない。東京から松山に移住して三年目に結婚したが、これまで夫婦喧嘩は一度もしたことがないし、職場でも人と争ったことはない。

Ｊターン後の私は、争うことを止めたがひとつ記しておきたいことがある。組合の中で争っているのは互いに上下の無い関係にあって、関心を持ち合っているからである。組合の中では役員であっても他の組合員や書記に命令を下すことは出来ない。互いの合意、了解のもとで共に活動するだけだからである。だから、この組合の中では多数決によって何かを決めることは殆どない。様々な議論の中でみんなが同意したことだけが決まるのである。これに対して会社の中では、同僚と争うことは出来ても、上司と争うことは出来ない。上下関係があって上司は部下に命令しているのだからである。上司と争うときはその場を去る覚悟が必要である。私は、Jターン後、会社に就職して上司の命令や指示に不満があるときもそれに従ったが、そういう場合には問題が生じたとき、必ず上司に責任を取らせる手立てを考えていた。上司と部下の関係は友達でも仲良しでもないからである。

(4) 移住にあたっての諸問題

移住にあたって、第一の問題は移住地選択の問題である。移住には大きく分けて、Uターン、Jターン、Iターンがあるが、私は松山市への移住、Jターンを選んだ。Uターンを選ばなかった理由は、親の家業である農業を兄が継いでいたからである。Iターンを選ばなかった理由は、Iターンでは農地の確保が極端に難しくなるからである。見知らぬ地域で農地を確保するためには、農地を買うか、借りるかしなければならないが、それには五反以上という法律がある。私にはそんなに広い土地は必要ない。それに買うにしても、借りるにしても、その地域の農業委員会の許可がいる。様々な制約がある。ところが、Jターンなら、兄が家業を継いでいるとはいえ、私が自給用の野菜を作る程度の畑はあったからである。松山市から実家の畑まで車で往復三時間ほどかかったが、この時間は高校のころ毎日費やした時間であったから、別に苦になるものではなかった。

だが、松山市を選んだ理由は他にもある。気候が温暖であり、台風が少なく、地震が少ない。県庁所在地で人口もかなり多く、仕事先の選択肢がある。航空便、船便、道路などが揃っていて、出かけるのに便利である。購入したい物は殆どの物が東京と同じように買える。全体的にみて、松山市は人が住むうえで必要な機能がコンパクトに備わっている中間都市なのである。そして、上下水道やガス、電気、通信などのインフラが整備されていて、農山村のような地域にあるしきたりや地域活動での負担、役割分担が少ない。賃金水準を除けば、暮らしやすさという点で大きな問題のない都市なのである。これが、松山市に住むことを決めた理由であった。

Jターンというのは、言葉は一言だが、実現するとそこには沢山の問題がある。東京から地方に移住ということになると、多くの場合、仕事を変えることになる。移住先での生活をどうするのか。これが大きな問題である。どんな所に移住しても生活に困らないという自信のある人もないではないが、私のような凡人には生活を維持することは大きな問題である。退職すれば、給料が無くなる。中途退職だと定年退職より退職金がずっと少なくなる。地方企業の賃金水準は東京よりずっと低い。中途退職すると生涯賃金がかなり低くなり、厚生年金が減って、年を取ってからの生活に大きな差が生まれることがある。組合では賞与にあたる夏季手当・冬季手当が四、五か月分出ていたし、当時の退職金規定で定年まで勤めると三〇〇〇万円程度の退職金を手にすることが出来た。この時期の愛媛県の賃金水準は全国で四十五番目あたりにいた。新しい仕事をどうするのか。

私は自分の退職の意思を、同じく退職して長野県の茅葺の家で暮らすという書記以外にはしばらく伏せていた。執行委員会で退職の意思を伝えると、その後あちこちの書記仲間から、質問が来た。「辞めて、どうするのか」

当然すぎるほどの質問である。私は「田舎に帰って、百姓をする」と答えた。信じる者はいなかった。誰も、農業で暮らしていけると思っていなかった。「西山も疲れたのだろう。田舎に帰っても仕事はないから、また東京に戻ってくるだろう。そのときには力になってやろうではないか」などと囁いていた。自分の所で面倒見てやろうとする者もいた。

私は、田舎に帰って百姓をするとは言ったが、農業収入で生活するとは言っていない。農業収入で生活するには、土地が必要である。生まれは農家だが、農地を継いでいるのは兄である。二人が農業で食えるほど広い土地があるわけではない。農業技術が必要である。しかし、技術もない。軌道に乗るまでの生活費や住宅、設備、機械、農具、肥料代などに充てる金も必要である。先祖から受け継いだ田畑や山林を持っている農家、技術も経験もある農家、JAに入っている農家、家があり資金もなんとかある農家さえ農業を止めるとか、後継ぎがいなくなっている時代に、それらを何も持っていない自分が専業農家でやっていけると思っているとしたら、それこそ狂気の沙汰、つける薬のない馬鹿者、思い上がりとしか言いようがない。

だが、世間からは、「土地が無ければ貸してあげよう、技術が無ければ農業大学校で学べばいい、JAの指導も受ければいい、お金が無ければしばらく就農資金を援助しよう」という声が聞こえてくる。それでも、私はこの声には耳を傾けない。そのようにして農業を始めてみても、そのような問題を抱えていない農家が危機に瀕しているではないか。日本の農政やJA、色々な農業指導の下で沢山の農家が止め、後継ぎを失っているではないか。

このような農家の現状にも拘わらず、私が自分の暮らしを百姓の暮らしとするには、どうすればよいのか。これこそが最も重要な問題だったのである。

農業についての私の認識では、地方の農家が減ってきたのは、農業が近代化されてきたからである。それと共に、農産物、食料の輸入の増加である。牛や馬、人力に頼っていた農業、動物の糞や人糞を肥料にしていた農業、病気や虫による被害が大きい農業の領域に、動力機械、化学肥料、農薬を導入し、これらの購入費を確保するために農産物を商品化し、農産物を金儲けの手段に変えた。近代化によって生産力が高まり、それと共に外国からの農産物輸入が増え、農産物が国内に溢れるようになった。その結果、大量の余剰農産物ができて金にならない農産物になり、農業に競争が生まれ、競争によって農家は消耗したのである。そして、農業は機械工業や化学工業、流通産業の餌食にされたということである。

元々、農家(百姓)は農産物の生産だけで生活を成りたたしめていたわけではない。米や野菜、芋などの生産は暮らしの中の一部であり、住宅の建築や道、水の管理、薪、炭等のエネルギー確保、薬草の採取や利用、加工品によるお金の確保、労力の交換など様々な活動をすることによって成り立っていた。だから百姓の暮らしというのは、特段、農産物を販売して金儲けをしなければならない暮らしではなかったのである。農産物の生産は当然するのだが、必要な金を確保するために他の仕事をしてもなんら百姓でなくはないのである。むしろ、農産物に特化し、これをお金に換えて生活物資を買うというあり方にこそ無理があるのである。

近代化以前の農家の暮らしは、時折悲惨な暮らしとして語られることもあるが、農家の暮らしを一からげにして語ることは出来ない。貧乏な農家ももちろんあったが、豊かなくらしをしていた者も多い。自分の土地や山林を持っていて、そこから生きるために必要な資源を確保していた農家は豊かな暮らしができる。自分の土地があれば作物が毎年できる。年によっては不作になることがあるが、様々な作物を植え付けておけば、何かが育ち飢えることはめったにない。悲惨なのは米しか作らない農家であったろう。自分の土地から生活に必要な資源の大部分を得ていた農家には暮らしに困る理由が無いが、持っている土地の価値を見失い、外から多くの資源を買う農家になってしまえば、暮らしは不安定になる。

近代化とは何かと言えば、産業に関しては農業を主産業とする社会から商工業を主産業とする社会に変えることであり、政治に関して言えば民主制であり、経済に関して言えば資本主義であり、技術に関して言えば科学である。近代化によって、農業、農村社会、地方の暮らしは激変した。農業は商業や工業に食い物にされ、地方は過疎化し、首都圏を中心とする大都市は一層巨大化した。しかし、近代化は、多くの国民の願望であり、希望であり、歓迎されたとも言える。この近代化を肯定的に評価するならば、その結果としての農家の窮乏、地方の過疎化、耕作放棄地の増加といったことは嘆きの材料ではなく、人はそれを時代の流れとして受け入れ、自らがその変化に対応しながら生きるべき道を模索すべきである、ということになる。そして、それを推進してきたのが、ＪＡを含む日本の農業政策、産業政策、社会政策だったのである。

しかし、私が東京での仕事を止め、地方に移住して「百姓をする」となると、このような政策に乗るわけにはいかない。乗った先に何があるか、それは今農業に関わっている人たちの暮らしを見れば一目瞭然である。

私が百姓としての暮らしを実現するためには、土地や資金の確保、技術習得等のために、政府や、自治体やＪＡに頼ることではなく、それらの影響を全く受けることの無い、自分独自の暮らしを創造することが必要であった。

では、土地や資金の確保、技術習得等のために人や、政府や、自治体やＪＡに頼ることなしに何をしたのか。「それはイバラの道ではなかったのか？」と思う人があるかもしれない。

しかし、何の心配も苦労もない。私は、自分にできることをできる範囲でやってきただけである。返済しなければならない借金をしたり、時間を潰して技術習得をしたり、やがて打ち切られる補助金を受けるより、資金が要らない範囲の耕作をし、種を蒔き、苗を植え付けながら作物を観察して、栽培には何をすべきかを悟り、何かの職に就いて給料を得れば、生活が成り立ち、耕作が出来、農業技術が身につくのだ。作った農作物で金を稼ぎ、生活を確保しようとすれば、見栄えがよくて、人の好みにあう作物を作る必要があるが、金儲けではなく、自給目的の作物をつくる自給農業を目指せば、見た目の悪い作物や出来そこないでも、きちんと調理することによって立派な食材になり、食卓を豊かにすることが出来る。スーパーや八百屋の軒先で、商品の品定めをし、財布とにらめっこして買ってきた食材で食卓を飾るより、自分で育てた野菜や芋、豆、穀物などを食材として食卓を飾る方が、私にははるかにリッチな暮らしに思える。

土地が無いなら土地を買おう、金が無ければ金を借りよう、技術が無ければ習いに行こう、というのは今の世の中の普通の考え方ではあるが実に安易な考え方である。土地を買うためには大きな金が必要である。大きな金を持っている人なら、そうすればいい。大きな金が無ければ買うのを諦めるのが正しい判断だ。借金すれば利息を付けて返さなければならない。土地を借りればいつまでも地代を払わなければならないし、お金を払い続けても土地は自分の物にはならない。短期間で技術を習っても、農業技術の一部しか身に付かない。しかもいつまでも習った技術に縛られ、独創的な発想が出来にくくなり、絶えず他人の技術に頼る癖が付く。借金したり、土地を借りたり、技術を習いに行ったりするやり方では本当の自立ができない。いつまでも苦労が続くのだ。苦労の無いやり方とは、自分に負担のないやり方である。土地を買う金が無ければただで使える土地を使えばよい。ただで使える土地が狭ければ、広い土地が見つかるまで待てばよい。ただで使える土地が無ければ有る所に行けばよい。技術が無くてもとりあえず種を蒔いてみればよい。育ちが悪ければ何かその場の環境を変えて観察すればよい。他人の畑や野山の植物から学べばいい。農業だけで生活できないなら、他に稼げることをやればいい。自分の「これをやりたい」という思いを先走らせて自分の負担が増えるようなことを私はしない。自分に無理なく出来ることを無理なくやって、心にゆとりをもって暮らして行けば、いつも楽しく暮らせる。カタツムリがサザエの殻を背負って生きるような馬鹿げた暮らしはしたくない。

農作物を金に換える農業ではなく、自給農業であるなら、自給農業では確保できない生活に必要なお金はどうしたのか？

これほど簡単な問題はない。昔、土地が少ない農家がやっていたように何か職を見つけて賃金を稼げばよいだけである。だから、私は、移住して最初に職安に行き、雇用保険の手続きをして、すぐに仕事探しを始めた。作物の販売をして生活費と営農費を稼ぐ農業は自営業だが、販売せず自給に限定した農業は自営業ではない。自営業を始めれば、通常軌道に乗るまでは利益が出ない。生活は厳しく、十分な資金が無いときは借金や補助金申請をしなければならないし、資金を持っていても、次第に減っていく。軌道に乗って儲かることももちろんあるが、いつまでも続けることはさらに困難である。ところが、雇用保険を申請すれば、働いていない日の保険金が入り、就職先が早々と決まれば就職支度金まで貰え、生活費に困ることはなく、気楽な日々を過ごせるのである。退職して自営業を始める場合でも、開始前なら雇用保険の給付は受けられるが、その金は始める自営業の資金になって消えていきがちである。

職安で仕事探しをするときは、企業の求人票を見て、応募してみたいところへ職員を通して面接を申し込む。就職してみたい企業は自分で決めるが、採用を決めるのは企業側であり、面接は企業側の判断材料となる。求人票には仕事の内容や給与、休日、勤務時間、勤務地などの情報があり、面接に際して、求職者は履歴書を持参し、個人情報や職歴、学歴などの情報を提供する。採用されないときは、素っ気ない不採用の連絡がきておしまいだ。採用が決まれば指定された日時と場所に赴いて仕事開始となる。

私はこうして二月十二日に移住して、四月一日からある建設会社に経理担当事務員として採用された。しかしながら、応募するときから給与額が少なすぎると思っていたし、勤めてみると経理担当者らしい仕事は無かった。忙しくもないし、みんな出払って手持無沙汰で、椅子に座って眠りこけていた。時々用事を言いつけられるが、自分にふさわしい仕事とは思えなかった。そこで、二か月目の給料をもらった日に退職した。その次に二か月ほどして、知人の紹介の元、ある団体の事務局長に採用された。しかし、入ってみるとこの団体では、内部に激しい対立があり、険悪な空気が充満していることが一日目に分かり、自分が一日目にしてその抗争に巻き込まれていることに気がついた。ここは、一週間で辞退した。

その後、職安と関係のある人材銀行に履歴を登録して、求人を待った。職安では、求職者が求人票を見て面接を申し込むが、人材銀行では反対に、求人企業が求職者の履歴を見て面接を申し込む。入社するかどうかは求職者が決めるのである。この人材銀行は現在、松山市では廃止されているようである。この人材銀行の求職欄には、希望する職種を当初、「総務・経理」と記入した。この人材銀行を通して四件の面接をした。一つ目は気に染まなかったので横柄な対応をして採用にならなかった。二つ目は勤める気が無かったので、面接後に断った。三つ目は給与も肩書も仕事の内容も満足できるものだったので入社することにした。しかしながら、入社してみると社長の人柄は悪くなかったが、私を採用した本心が実はよくなかった。私を総務課長職で採用したが、それは社内の管理を私に任せ、社長はゴルフ三昧で毎日を過ごしたかったのだ。こんな会社に将来があるとは思えなかった。この会社は六カ月で退職した。私の思った通り、この会社は数年後に無くなった。この会社を辞めた後、求職欄の希望職種から総務をはずし、経理だけにした。経理は自分にとって最も気楽にできる仕事だと考えたからである。経理については、当時多かった帳簿会計、伝票会計の他、コンピューター会計が出来ると記しておいた。それは、当時自分の強みになると考えたからである。

人材銀行を通しての四回目の面接は、移住してから一年余り経っていた。自分が希望している経理の仕事で経理部長代理の肩書で、給料もとりあえず満足できるものだったので入社を決めた。経理部長代理だったのは、部長が関連会社の責任者として出向し、資金繰りだけをやっていたからである。資金繰り以外の経理業務はすべて私の担当だったが、既に二人の女性事務員が事務作業をする体制になっていた。経理担当だから、社内の情報の殆どに接することが出来た。業務内容や経理内容を見てみると自分が勤務するには実に良い会社であることが分かった。毎月決まった契約金が入り、借金が無く、黒字の会社で、従業員数は二〇〇人余りだった。こんないい会社もあるのか、と思った。私はこの会社で会社がつぶれるか、定年になるまで働き続けることに腹を決めた。そして十九年半勤めた後、六十歳の誕生日に定年退職した。

この会社は、別の会社の子会社であり、経理が親会社で行われていたが、私の入社の少し前に親会社の社長が急死した。そこで、体制を再編して、自立した子会社にし、経理も自前でやることにしたのだった。だから私がこの会社の経理体制の整備を任されたわけである。当時、コンピューター経理をしている所は少なく、帳簿による経理が多い時代だった。私はコンピューターの導入とその運用を任された。会社が私に導入を指示したコンピューターはオフコンで、基幹ソフトとなる経理と給与のソフトはソフトウェア会社が作ったパッケージのカスタマイズだった。私はパソコンで会計ソフトを作成してきたし、幾つもの事務所でそれが使われた実績があるので、この仕事は自分に向いた仕事であり、何の苦労も無かった。コンピューターはどんどん進化し、今日ではどこでも使われているが、この当時はまだ使える人が少なかったのである。在職の十九年半、私は同じ仕事を続けてきたが、それはその仕事だけを続けられるように自分でコントロールしてきたからでもある。コンピューターが進化し、ランやインターネットの時代になっても、それらに対応して社内のシステムを管理し続けてきたから、他の社員に担当させることはなかったのである。

もし、私が農業をやりたくて、しかも他の仕事は苦手でやりたくないと思っていたのなら専業農家を目指したかもしれないが、私は農業以外の仕事が嫌だったわけではない。パソコンやオフコンを使って会社の業務を管理することは苦痛でもなく苦手だったわけでもない。元々、パソコンでプログラムを作ることは、学校や人に習ったわけでもないし、自分の趣味として身に付けたものである。会社で使用する基幹ソフト以外のプログラムは自分で勤務時間中に作っていた。基幹ソフトは経理と給与の二本だけであり、私が作ったその他の業務管理ソフトや業務の効率化を図るプログラムは数十本に及んだ。作っては直し、作っては直ししながら効率を上げていった。だから会社での仕事は趣味のようなものだったのだ。自分が作るプログラムが社長の求める管理資料を印刷していたが、社長や他の役員が私のパソコンやプログラムに口を出したことは一度もない。趣味が仕事になったようなものだったから、十九年半同じ仕事をやっていても、飽きることはなかったのである。飽きないもう一つの理由はコンピューター自体が急速に発展し、五年に一度くらいでシステムを交換し、ランやインターネットの発達もあって、新しいものに対応していくことが不可欠だったからである。

入社して五年目頃、何人かの役員や社長から私に経理部長になるように話が来たが、私は断った。部長になれば給料が上がり、取締役への道も開け、年収が二倍になることも見通せていた。だが部長になることは資金繰りを担当し、銀行からの借り入れを担当することである。この会社は当初借金がない会社だったが、事業拡大のため社長が借金経営に舵を切った。私の経営理念の一つは無借金経営であり、借金担当になることは受け入れられなかったのである。こうして、昇進を拒んだし、昇給を求めたことは一度もないが、給料は上げてくれた。

この会社の勤務期間中、当初は週四十八時間労働制だったものが四十四時間になり、四十時間になって、週休二日制が実施された。この会社には私が辞める頃には三百近くの部署があり、夜間勤務や休日出勤をしなければならない部署が大半だったが、私は事務職だったので、土日、祭日と正月休み、夏休みをほとんど休むことが出来た。管理職だったので残業しても残業代が付かなかったが、自分には好都合だった。残業代が付かないのなら、残業しなければよいだけのことである。月二時間ほど、給与計算の時期だけ残業をしたが、それ以外は朝九時直前に出勤し、毎日夕方六時に会社を出た。昼休みには、昼寝をしていた。

このように、私は移住後いくつもの面接を受け、四回職を変えた。短期間で採用と退職を繰り返すのは、私にとっては織り込み済みのことだった。私以外の人でも長く勤めた職場から転職すれば、平均四回は採用と退職を繰り返すというデータがあったのだ。求人側の企業も相手を選び、仮採用の期間を設けるのだから、求職者もまた新しい職場に入って雇い主の品定めをするのは当然のことである。

移住して、一番の問題は生活費を稼ぐためにどうするかという問題で、迷うことなく勤め先を求めたが、それでも問題が残る。それは前の職場より給料がかなり低い、年収が半分になってしまうということだった。よく、田舎や地方は都会より物価が安いと思われている。しかし、物価が安くはないのである。果物や野菜を貰ってお金がかからないというようなこともあるにはあるが、工業製品や交通費が都会より安いということはないのである。むしろ都会で買う方が安いというものも沢山ある。田舎では車なしの生活はしにくいが、東京では車が無くても電車やバスの乗り継ぎで通勤が出来るし、快速電車や特急列車が普通料金で乗れるところが沢山ある。田舎のＪＲでは普通料金では特急には乗れない。子供が大きくなって大学にいこうとしたとき、大学が沢山ある東京では自宅からの通学もできるが、田舎では自宅から通学できる大学は少なく、希望の大学に進むには金がかかってしまう。

決して物価が安いわけではない地方に移住し、収入が減ったらどうするか。勤務先以外の仕事をするとか、株で儲けるというように収入を増やすことを考えるというのも一案である。これは、ある意味、頑張るとか、努力するというやり方であり、負担やリスクが伴うやり方である。新たな負担やリスクを抱え込まないやり方は、節約するとか出費を減らす、購入物を見直すというやり方、要するに支出を減らすというやり方である。都会暮らしで肥大化した欲望を見直し、どうしても必要な支出に限定するということである。ある物に対する支出が減ってもその代わりに別の支出が増えるというものは減らしても意味がないから、減らしてよい物だけを減らすのである。この方法であれば、頑張りも努力も必要ない。

出費を減らす一つ目の策は、お気に入りだった一八〇〇ccの車を売り、軽自動車にしたことだった。ガソリン代を節約し、税金を減らすことが出来るし、次の車の購入時には一〇〇万円以上の節約ができる。それまでは、車の買い替えの度に少しずつグレードを上げていたが、普通車から軽自動車に変えたことで、車だけでなく、物に対する執着心、ブランド志向が無くなった。何を買うにしても用が足りればいいという考え方になった。それまでは見栄えやかっこよさに惹かれていたが、それが気にならなくなったのである。

二つ目の策は出費の中で大きい住居費を減らすことだった。移住前には、書記仲間が古いアパートを持っていて格安で貸してくれていた。だから家賃は高くなかったが、松山で最初に借りたアパートはこれよりも使い勝手がよくないにも拘わらず家賃が高かった。それで家計を圧迫する住居費を減らす方法を考えた。投資していた金を回収し、一時払い養老保険を解約し、退職金や預金をあわせて購入資金をつくり、新興住宅地の小さな新築物件を買った。これで、毎月数万円の出費を減らすことが出来るようになった。中古物件ではなく新興住宅地の新築物件を選ぶ利点は多い。住宅は長く住み続けるものだからいずれ修理が必要になるが、こまめに手入れをすれば新築物件は中古物件より修理費が少なくて済む。新興住宅地は下水施設、駐車場などが完備しているし、新築物件は快適な居住空間になっている。道路も整備されている。古い習慣がなく、人との関係も希薄で気楽だ。これを契機に一切の投資を止め、生命保険契約をしない暮らしにした。

三つ目の策は、遊びに使う金を減らすことだった。松山市に移住しても、付き合いのある友人はいなかったから飲む機会はぐっと減った。東京では、あちこちへの旅行が便利になっていて、出かけることが多い。みんな、伊豆や箱根、富士や房総、長野や群馬、日光などへ出かけ、海外への旅行も多い。だから、出かける癖がついている。松山に住んでもこの出かける癖を無くすのは難しい。そこで出かけることを止めはしないが、行き先を四国内、県内に限定するようにして、出費を減らした。

四つ目の策は、衣料に金をかけないということだ。着る機会が少ないのに高価で見栄えが良い物を買うといった贅沢を止めて、質素な服装に心掛けるようにした。

五つ目は、家計を企業会計のような複式簿記で管理し、毎日毎月の家計状況を把握しておくことだった。自宅のパソコンで自分が作った会計ソフトを使って毎日の出納を記入した。複式簿記だから、収入や支出だけでなく、資産や負債の状況も完全に把握できる。一日十分くらいの時間で処理できる。当時の一般的な家計簿は手書きで、収入と支出を書き込んで電卓か算盤で集計するものが多かったが、私は何処かの経済評論家が家計を企業のように複式簿記で管理すべきだと言っていたのが頭にあって、パソコンによる複式家計簿を実践してきた。このようにすると、規模は小さくても家計は経営である、という意識が生まれる。だから、税法や社会の通念からすれば、私はただのサラリーマン、会社員、給与所得者だが、自分の意識のなかでは「これ以上小さいものはない自営業者」である。だから、会社に行っても自分と雇用契約という継続的雇用で安定した契約を交わしている会社が自分に求めている業務を、きちんと果たすということだけである。それ以上でもそれ以下でもない。私が約束した業務は経理の管理だけである。それ以外は請けていないので、他の部署への移動はお断りしてきた。

六つ目は、会社の給料以外の収入や給料アップを求めないということである。求めずとも入ってくる収入を拒むことはないが、自分で求めはしない。収入の増加を求めると、そのためにお金と時間と頭の使用という無駄が増える。世の中では、多くの人が収入や給料の増加を求め、その欲求には限度が無い。しかし、私は自分の生計が成り立たないほどの低収入に甘んじはしないが、増やすために努力したり頑張ったりはしない。そのための出費や時間のことを考えると金に執着する生き方はかえって自分を追いつめてしまう。私には、戦時中に特攻隊に志願し、出撃に至らず生き残った知人がいた。彼はその後の人生で、一番大事なのは金であり、金があれば大抵のことが解決し、健康さえ買えると言っていた。しかし、彼は商売で二度金に追い詰められた。一回目は夜逃げし、二回目は失意のうちにまもなく亡くなった。私も、確かにお金を沢山持っていれば困ることが少なく、解決することが多いことは分る。しかし、だからといってお金を求めて生きることが幸福や満足をもたらすとは思っていない。むしろ、不満や不幸を導くことがよくあると思っている。

(5) 移住後の暮らし

このようないくつかの対策を講じて、移住前の半分になった収入でも困ることなく暮らしてきた。地方都市に移住して、会社に就職し、半減した収入でも暮らせる暮らし方にして、その後の暮らしはどのようになっただろうか。

半減した収入でも金の心配がない暮らしになり、毎日九時に出社して夕方六時に退社し、四十時間労働制になってからは土日、祭日が休める暮らしになって、自分の時間が確保でき、やりたいことが出来る生活になった。初めの頃、週四十八時間労働制だったときには、日曜日に畑に通った。畑は現在の大洲市にある先祖伝来の畑だった。兄が使っていない畑を使うことにしたのだ。この畑には往復三時間ほどの時間がかかったが、往復のドライブも楽しい時間だった。畑では、年間四十～五十種の野菜を栽培した。私には栽培技術がなく、学校で習う気も無かったので、自分で修得した。初めの十年程は福岡正信氏の自然農法に魅かれ、気分的には相当のめりこんでいた。その頃の私の心境は、今も残してあるホームページ「福岡正信の自然農法と茅茫庵」を見ていただければ一目瞭然である。

私が、東京での仕事を辞め、松山に移住したのは「百姓になるため」だった。しかし、私の言う百姓とは販売農家ではなく、自給農家である。販売は目的になっていないし、それどころか販売しない農業というのが私のいう百姓の意味である。自給農家の暮らしは不安定ではないが、販売農家の暮らしは不安定である。博打だと評する者もいる。販売農家は規模の拡大と大きな投資と確実な販売に依存している。それは経営であり、経営は大きくすることを迫られ、大きくすることによって不安定要因が増加し、やがて経営破綻する者がでる。私は、そんなハイリスクなことをするために地方に戻ってきたのではない。私は、経営者になるために地方に移住したのではなく、穏やかで、のんびりと「暮らす」ために移住したのだ。規模の拡大や大きな投資で借金をしたり、補助金を貰ったりする経営ではなく、借金がなく、日ごろの生活に困らない程度の収入を得て、愁いのない日々を過ごし、子供の頃からあこがれていたことや、やりたいことを無理なく、可能な限りでやりながら穏やかで満ち足りた日々を過ごすために移住したのだ。

自給農業は、毎日畑に出なくても十分できる。週に一日やるだけで自分が消費するのに十分な作物を作ることが出来る。だから、移住から定年退職までの約二十年間、毎週大洲市の畑に通ったのだ。自然農法に魅かれてあれこれと試行錯誤して、十年目にほとんどの作物で無農薬栽培が出来るようになった。その後の栽培経験も含めて無農薬栽培についてまとめたのが『自適農の無農薬栽培』（創風社出版）である。この一冊は、建設労働組合を止めるとき、誰も信じなかった「百姓をやる」という私の言葉が嘘ではなかったことの一つの証でもある。私は、出版の二か月後、二十五年前まで組合の仲間だった者たち五十名余りの集まりの中にいた。ここで、出版に関する報告の機会を得た。私が組合を去った理由が偽りではなかったことを示すことができたわけである。私から書記長を引き継いでいただき、私の退職後委員長になった方には、「西山さんは田舎に帰って本当に良かった」と言っていただいた。

上は、生まれ育った家の裏にある畑。平成元年から 25 年までここで野菜を作っていた。下は松山市で現在野菜を作っているミカン畑跡地。２反ほどある。

私の農業は自給目的だから規模が小さく、そして生活は食べることだけではなく、現代人の暮らしでは食べること以外の出費の方がはるかに大きいから、自給農業の家計的役割は小さい。だから、私も会社で週五日間働いた訳である。会社で働いているから食べるための農業をやらなくても生活ができない訳ではない。食べる物を買っても金銭的に大きいわけではない。しかし、金銭的に大きくなくても、この自給農業は私の生活にとっては極めて大きな位置を占めている。

その理由は、生活に必要な物は働いて得た金で買って生活するということが全てである人には理解できないだろう。働いて金を得るということは、経営者であれ、労働者であれ、公務員や教師であっても、他人のために働くということであり、他人の欲望に支配されるということである。相手を満足させなければ金は手に入らない。金が欲しいということは自分の欲望であるが、この欲望は他人の欲望を満たすという経過を経なければ実現できない。

ところが、私が自給農業をやるのは、たとえ一週間のうちの一日であっても、他人の欲望を満足させるためではなく、自分の欲望を満たすためである。自分が自分のためにやることはその結果がどうであれ、全て自分に返ってくる。自分のためにやることは誰の指図も受けず、守るべき手順も規格もなく、法律のタガもない。私が作物を作るのは自分が食べたいものを作るためであり、自分が美味いと思うものを作り、一番美味く出来た作物を自分が食べるためである。他人が食べたいと思う物、他人が美味いというものを作って、他人に食べさせるために作るのではない。しかし、私が作物を作るのは、自分が食べる物を確保するということだけが目的なのではない。作物が育つ過程を共にすること、作物と自分が時間を共にすることが目的なのである。だから、私は山の中にある畑で、ひとり作物に向かってきた。作りたい作物を、自分が選び、思いついたやり方で、誰の指図や指導も受けず、ひたすら作物を観察しながら、作物が求めていることを悟りつつ農作業をする。作物とは作物自身が持っている可能性を環境に応じて実現しているものである。作物と環境は自然そのものであり、自然とは別の言葉にすれば神である。神、そして自然の一部である作物を日々観察し、その求めるところを察知して手を添え、健やかな成長を待って、私の体にとりこまれ一体化していくのである。それは、神との対話であり、神との一体化である。私は神が為すことのほんの僅かなことに気付くだけであり、対話に失敗することが多い。無残な結果に終わることがよくある。しかし、この対話は、神と私のゲームでもある。私が望む作物ができれば、私の勝ちである。作れなければ、神は私をあざ笑う。これはゲームであるから、ゲームには始めがあり、終りがある。そして、毎年リセットが出来るのである。昨年は散々な結果であっても、今年は豊作になることもある。私が勝てば、神は私に褒美をくれるのだ。神と私のゲームは私の心を離さない。いつも夢中になれる。そして、競馬や競輪、パチンコや賭け麻雀のように金を賭けたゲームではないから、依存症になって身を滅ぼすこともない。畑の中で時間を過ごすことは私の魂を心のままに遊ばせることであり、これこそが私が生きていると実感できる時間であり、生き続けようと思う力の源泉なのである。それ故に、収穫物だけでなく、作物が育つ過程を共にすること、作物と自分が時間を共にすることを栽培の目的とすることができるのである。

農作業をするときは当然のことながらその作物に心を集中させているが、農作業を終えた後に作物が順調に育っているのを眺め、そのそばに佇んでいるときの穏やかで満ち足りた心の状態は何事にも代えがたいものである。立ち去りがたくて、つい夕闇が迫ってしまう。もし、私が作物と共にする時間こそが自分にとってもっとも幸福な時間だと実感できないとすれば、その時間は無駄な時間であり、作物を自分で栽培するより、他人が作ったものを買って食べる方がはるかに理に適ったものになってしまう。

週五日の会社での労働と、週一日の自給農業との間には、私の生き方にとって大きな意味がある。会社では経理の仕事をしているが、これは社会が求める労働である。誰もがやっている仕事と同じである。この中にだけ生きている人にはあまり意識されることが無いだろうが、ここには人の苦痛の種がいっぱいあって、生活に必要な金を得ることができる反面、ときには叱られ、ときには罰せられ、悩みが生じ、悩みがひどいと鬱になり、病気にもなる。仕事の中で死に直面する人もある。仕事や労働は人が生きる糧であるばかりでなく、人の苦の種でもある。何故、仕事や労働が苦の種になるのかと言えば、仕事や労働は他人の求めに応じて、他人が作った手順や規則に従ってやるのであり、そこでは自分の自由は制限されている。手順や規則から踏み外すと罰を受けるからである。だが、このような時間しか過ごしていない人間は、それがどうして自由の制限なのか、と疑問に思うだろう。私は、これが分からない人とは別の時間を持っているのである。

その私にしても、仕事や労働から離れることは不可能だから、人生は苦である。釈迦も人生は苦だと言った。人が、そして私がこの苦から逃れる方法はないのか。週五日の仕事は苦痛の生じる可能性のある時間だが、一日の農作業は苦痛がない。この二つの時間を自分の暮らしの中に作ると、仕事や賃金労働と、自分の為だけの農作業との違いが鮮明に見えてくる。自分の為だけの農作業からは苦痛は生じない。しかし、私にとってこの苦痛の無い農作業ができるのは、苦痛を伴う仕事や賃金労働のおかげでもある。だから、人生から苦痛を取り去ることは出来ない。出来ないが、苦痛の時間にだけ身をおくことと、二つの時間を持つこととの間には、雲泥の差がある。人には覚めている時間と寝ている時間があってこそ健康が維持できる。それにも拘わらず、覚めていることを強制され、眠る時間がないとすればどうだろうか。私が仕事や賃金労働の中にだけ身を置くのではなく、自分の為だけの農作業の時間を確保しているのは、この覚めている時間と眠る時間の関係に似ている。人が健康で幸福な毎日を過ごすためには、苦痛が生じない時間を暮らしの中にきっちりと組み込むことが必要なのである。ただ、私が定年まで十九年半勤めた仕事は、私にとっては趣味の延長のようなものだったから、自分の仕事に関しての苦痛や悩みはあまり無かった。借金経営に路線変更した会社がずっと継続していけるかどうかが悩みの種だっただけである。

私が、東京での暮らしを止め、Ｊターンしたのは、一言で言えば、自分の魂を自由にすることだった。しかし、人の魂は決して逃れることのできない一つの枷を持っている。魂は肉体と一体であり、魂はときに外の世界との絶交を望むが、肉体はこれを阻む。食事や空気、水といった事柄から離れることは出来ない。だからこそ、人は物質的欲望を求め、この欲望を充足することによってこの枷から逃れようとする訳である。世の中には、欲望をどこまでも追い求め、自分の仕事を世界に広げ、巨万の富を手にしてなお飽き足りない人がいる。そして、背負うものをどこまでも拡大していく。本人がどのように思っているのか、私には分からない。分からないが、私の目にどのように見えているかというと、その人は追い求めることしか出来なくなっているのである。手を緩めると崩れるのである。そのような世界に身を置けない田舎のクソジジイの戯言と思われてよいのであるが、私にはそのように見えるのである。

私が自分の魂を自由にする方法は、仕事を増やし、世界に出てゆくことではなく、限りなく仕事を減らし、不要な金を求めず、受け持つべき負担を減らしていくことである。だから、日ごろの生活態度は「やらねばならないことはさっさとやる。やってもやらなくてもよいことは極力やらない。やってはならないことは絶対しない。やりたいことはやる。」ということである。私の暮らしには努力や頑張りはない。自分にできることをやっているだけであり、エネルギーを費やすこともなく、精神的負担もない。青い空や白い雲、青い海と彼方に浮かぶ島々、水平線に沈む夕日や闇を照らす月、緑の木々が作る青い山なみ、ときを選んで命の輝きを示す花々、これらを眺めながら過ごす穏やかな時間を至高のものと感じて暮らしているのである。

移住には、仕事や生活費、住居といった問題の他に実は劇的に変化することの多い問題がひとつある。友人、知人などと離れて暮らすことになるということである。移住前の居住地で長い年月を過ごせば過ごすほど、そこでの友人知人の数は多くなり、付き合いの度合いも深くなる。移住はそれらの人間関係を完全にではないが日常生活から絶ってしまうのである。人間は一人で生きている訳ではないから、友人知人は大切である。知恵を借りるとか、うっぷんを晴らすことも人には必要であり、それには友人知人の存在が大きい。私が選んだ移住地は松山市であり、松山では高校と大学に通ったが、十六年の空白があって学生時代の友人も殆どいなくなっていた。訪問できる人は退官した倫理学の先生一人だった。移住してから何度か訪問したが、この先生も六年程して亡くなった。

ところが、友人知人との日常的な親交が希薄になって困ったかと言うと、実は私の場合困らなかった。と言うのは、私が移住を決意した理由が「人と争う生活にはピリオドを打とう、徒党を組むのはもう止めよう、政治や労働運動、社会運動などからはすべて身を引き、田舎でのんびり暮らそう、自分の子供の頃の夢の一つだった百姓をやろう」ということだったからである。私の東京でできた友人知人の殆どは組合活動を通してのものだったので、その世界から身を引くことにすると交流が無くなってもなんら困ることがなかったのである。むしろ、出来上がった様々な人間関係を一度リセットしたいと思って移住を決意したので、困らないばかりか、望むところだったのである。そして、移住後は会社を定年退職するまで友人を作らなかった。仕事上の知人が出来ただけである。淋しさを感じたことは一度もない。ただ、一言付け加えておきたいのは、組合活動を通じて親しくなった友人たちとは、その後もずっと親しい関係を続けているし、東京に出かけたときには、会って話や食事をする関係を続けている。

私の日常の暮らしに触れておきたい。私が松山に移住したときは独り身だったが、三年後に結婚した。四十二歳の遅い結婚だった。結果的に子供は出来なかった。二人ともずっと勤めてきたので、暮らしに困ることは何もなかった。初めは土曜日が休みではなかったが、四十四時間、ついで四十時間労働制になり、完全週休二日制になって、一日畑に出てもう一日余裕があった。家計にも余裕があって、休みの度に出かけ、カフェでランチを食べ、コーヒーを飲んだ。四国内が多かったが、たまに京都や奈良、広島、岡山、山口あたりに出かけた。四国霊場や別格霊場も回った。陶芸を習いに通って器をつくり、ソバ打ちを習って、友達を招き蕎麦パーティーを何度も開いた。蕎麦打ち大会で優勝もした。外国からはジュネーブ大学の教授が家族と共に来たので、畑を案内し、ソバ打ちや手料理でもてなし、二度目は石鎚登山をしたし、アメリカの著名なヨガの指導者が四人連れで私の畑に見学に来た。石鎚や瓶が森、剣山、明神山、四国カルストや大野ヶ原、大川嶺などの山に何度も行き、四万十川や仁淀川、吉野川、肱川などの川沿いをよくドライブした。佐田岬、足摺岬、室戸などから海を眺めた。

六十過ぎてから、私がJターンして本当に良かったと思えることがある。父は三十三年前、私が東京で仕事に心を囚われていたとき、六十三歳で亡くなった。食べることが出来ぬまま一か月間私の帰りを待ち、骨と皮だけになって、年末に帰った私を見て亡くなった。

父の後を継いだのは兄であったが、母の米寿を祝った翌年、私が五十九歳のとき六十三歳で亡くなった。

このとき母はまだ元気だったが、今年（平成二十九年）八月に九十六歳の誕生日を迎えて間もなく病気のため亡くなった。九十六歳を過ぎるまで自分の食事を作っていたが、私は八年間毎週二回、松山から大洲市まで通い、食材を買い入れ、また眼の治療や難聴対策のため、松山や大洲の病院に度々連れていき、かかりつけ医に薬の処方をもらう為にクリニックに通った。母が使う台所の修繕やゴミの処理、あれこれの頼まれごとをしてきた。最後となった入院で車椅子が使えないところでは背中に背負って病院に駆け込み、一日おきあるいは連日見舞った。食べたいというものを買いに行って食べさせた。

もし、私が東京に根を下ろしてしまっていたら、私は母の為に何もできなかったに違いない。母は「敬ちゃんが、戻っていてくれたからこそヨ」と何度も言った。

親への不孝を繰り返すことなく、母には息子らしいことが何とかでき、何度も「ありがとう」の言葉と笑顔を見せて貰ったことがまことに有難い。

(6) 地方で暮らすことの諸問題

ここまで、自分の生い立ちや、学生時代、東京での暮らし、移住後の暮らしについて述べてきた。だから、私の移住の具体的な話はここまでである。ここから先は地方移住が持つ問題の考察である。

私は昭和二十四年に生まれて、今年六十八歳になる。この間、地方の暮らしと都市の様子を肌身で感じながら生きてきた。そこでは、東京を中心とする首都圏の人口増と甚だしい発展と、それとは対照的な地方の疲弊、人口減少と過疎化が激しく進行するのをみてきたのである。進行してきただけでなく、今もなお進行し続けている。一方、地方では人が減り、代わりに動物が増え、我が物顔で走り回り、農産物を食い荒らし、農家の厳しい暮らしに追い打ちをかけている。地方での農業による暮らしは年を追うごとに厳しくなり、それが地方の村や町の暮らしを困難にし、その村や町に隣接する小さな都市部の暮らしをも困難にしている。人口減少によって市町村の維持、継続まで危ぶまれるようになって、国が地方創成を掲げ、市町村が移住者を取り込もうと争奪戦を演ずるところまできた。過去には「ふるさと創生」を掲げて全国の自治体に金をばらまいたことがあるが、地方と都市の関係は何も変わらなかった。国が地方創成を掲げ、市町村がイベントを行い、移住者を呼び込もうとしても、日本の都市と地方の関係が変わるわけではない。都市の発展と地方の疲弊と荒廃の根っこに潜んでいる「近代化」の負の側面に正面から取り組まないその場限りの政策で、地方から都市へ、という流れを変えることは出来ない。現代日本人のより多くの人が望む仕事や暮らしは大都市にあり、その人々が望むことは地方では実現しないのである。首都東京には、人だけでなく日本の権力と企業と金と物と情報と知識の他、様々なものが集中し、集中するが故に人を引きつけ続けている。人が夢や欲望を追求し続けると、いつかその足が東京へと向いてしまう。それでも実現できないときは海外へと向かう。東京の出生率は大きくないのに、面積が移住者を受け入れきれずに住宅が高層化し、さらには神奈川、埼玉、千葉といった隣接県へと住宅地や交通網を広げて首都圏をつくり、それが拡大し続けている。生まれ育った故郷の家や土地を捨て、荒れるがままにし、あるいは売り払い、大都市に出て新興住宅地に家を買い、あるいはまた高層マンションを買ったり借りたりして暮らしている。故郷では実現できなかった夢や欲望を満たして暮らしているのだ。

だが、多くの人が大都市、とりわけ東京に向かっているときに、東京や首都圏を離れ、田舎に、地方に移住したいと考える人がいる。地方にある豊かな自然や、都会よりは緩やかに見える時間、顔と名前がわかる人間関係、都会よりは少し綺麗な空気などにあこがれて地方で暮らしたいと思い始める人もいれば、定年を迎え、子供の頃暮らした故郷に帰りたいと思う人もある。

首都に住む人が田舎や地方を目指すとき、大きく分けて二つのタイプがある。一つは、首都に住みつつ地方に居住スペースを確保するタイプである。二つめは首都での居住をやめ、田舎に居住するタイプである。田舎を目指すと言っても、この二つのタイプは全く別物である。二つ目のタイプは、首都に住まなければ実現できないような欲望を捨てなければならないが、一つ目は捨てるどころか、より大きな欲望を満たそうとしているのである。そして、この二つのタイプにはもっと重要な違い、つまり資金力の違いがある。一つ目は資金力があり、二つ目は資金力に限界がある。都会で暮らす者に田舎暮らしが出来るかどうかは、実は資金、金があるかどうか、資産があるかどうかに関わっているのだ。潤沢な資金があれば、人はどんな田舎に行っても暮らすことが出来る。

一つ目のタイプが田舎に居住スペースを持つと言っても、それは別荘である。別荘だから居住もできるが、留守にしておくこともできる。多くの人間にとっては本宅を構えるだけでも負担になるが、世の中には別荘を持ち、しかもいくつも持っている人さえいる。気ままに別荘を移動して暮らす人もいる。しかし、これは移動ではあっても移住ではない。ただ、それぞれの別荘地が持っている利点を享受して暮らしているということである。日本の働き盛りの平均的なサラリーマンでは別荘を持つことは、できなくはないが少し難しいだろう。

二つ目のタイプ、都会での居住を捨て、田舎に居住するタイプこそが移住者であり、私がこのレポートで論じているタイプである。この移住者の中にもさまざまな人がいる。都会で家を持っている人が家を処分して移住する場合と、家を持っていない人が移住する場合がある。家を持っている人が移住する場合は処分した資金でまた家を建てることが出来る。しかし、持っていない場合には、田舎で家を借りるか、貯金をはたいて家を建てるか、借金して家を建てるかすることになる。居住する住居を確保しなければ移住にはならない。

移住者には、もう一つ違った分類がある。新聞などでよく使われる言葉として、Uターン、Jターン、Iターンという言葉がある。おおむね、Uターンは出身地に戻ることであり、Jターンは出身地とは違うが多くは出身地近くの地方都市に移住することであり、Iターンは出身地とは違う地域に移住することである。この三つのタイプに分かれる理由というか、移住者のもつ事情とはどういうことであろうか。

Uターンは出身地、つまり生まれ育った地域や家に帰るということであり、そこには帰るべき理由がある。親の家業を継ぐとか、老親の面倒をみるといった理由があり、多くの場合住む家があり、農家なら農地があり、商家なら店がありといった具合である。家業を継ぐためなら仕事もまた決まっている訳である。親が息子の帰りを期待して、住宅を構えて待っていることもある。

Jターンは、出身地にいる親との関係を意識しながらも、家業を継ぐことはあまりなくて、自分の仕事が確保しやすいとか、生活の利便性を考えて地方都市にすることが多いと思われるが、この場合、仕事や住居は多くの場合自分で確保しなければならない。田舎や地方の良いところを暮らしの中に組み込みたいと思いながらも、都市的暮らし、利便性を捨てきれない者の場合はこのタイプが好都合である。

Ｉターン者は、出身地とは縁のない地域に行って住むわけだから、仕事も住居もあらたに確保しなければならない。しかし、移住先は地方都市である場合も、農村や漁村である場合もあり、様々な場所がある。自分の移住の目的が実現できる地域を選ぶしかないが、仕事が確保しにくいこともある。この頃は子育てに適しているという理由を上げる人も結構いるようだ。移住先が地方都市であれば、仕事も自分の希望する職種や待遇を確保できる可能性が高い。しかし、移住地が農山村、過疎地ということになると、選択できる仕事は激減する。ところが、今日、移住者の争奪戦を演じている自治体には過疎地を抱える自治体が多いように見える。

いずれにしても、移住について考えると常に、住居と仕事という問題がある。金が有り余って、家を買うのに困らず、仕事しなくて暮らせる人の移住なら問題はない。定年退職して高額の退職金を手にし、年金生活で暮らしていける人なら、何処なりと気にいった地域に家を建て、遊んで暮らしていける。移住者の立場から移住を考えれば、自分の希望に合う地域を探せばよいが、移住者を確保しようとする自治体から見れば、定年後の年金生活者を受け入れる利点は大きくない。若くて、子供がいるような世代の家族が移住してくれれば、地域が明るくなり、働き手も増える。だから、こうした移住者を求めているのである。

しかし、若くて、子供のいるような家族が、地方の過疎地に移住するとなると、住居の新築、購入は厳しい場合が多い。このような場合、安い家賃で空き家を借り、手をいれて住むことが出来ることもよくあるが、住宅は住んでいるうちに老朽化が進み、継続的な修繕を繰り返すことが多い。初めは安く上がるように見えても、意外に住居費がかかるのだ。移住を考えているときには、茅葺の家や囲炉裏のある家、古民家が希望であっても、住んでいる内に台所とか、トイレ、風呂などを始めとして様々な改善をしたくなり、金があれば建て替えてしまう人もある。改善する資金が用意できなければ、不満を抱えたまま暮らすことになる。過疎地で空き家になった住宅に手を加え、補助をして安い家賃で住宅を提供する自治体もあるようだが、補助の年限や、傷んだときの修繕費などは、後々の生活設計に影響を及ぼすのでよく承知しておくことが必要になる。

Iターン者にとっての重要な問題、仕事については、田舎に行けばいくほど仕事の選択肢は少ない。求人があっても、自分にできる仕事、やりたい仕事でなければ安定した就職先にならない。就職先が無いから起業するという考えもあり得るが、人が少ない地域での起業はそれだけビジネスチャンスが少なくなる。何かを作って売ろうと思っても、近くに購入者はいない。遠くで売るためには運送費や出張費や時間がかかる。時間はただではない。時間の浪費は、お金の浪費と同じく、人の暮らしを追いつめる。山の中で、数キロ先まで人家が見当たらないような所に店を開く人もいなくはない。そういうところでも顧客を確保しているカフェなどが無いわけではない。しかし、そのような店をしばらくして訪問してみると閉店してしまっているのを何度も見てきた。いくら良い釣り針と竿を持っていても、魚のいない池で魚をつりあげることは出来ない。魚のいる所でしか釣果を得られないのと同様に、人のいないところでの起業は労多くして、得るところは少ない。

　起業が難しいなら、耕作放棄地が多くて土地を安く借りられる田舎で農業をやろうという考えもある。確かに、高齢になり、耕作が困難になった農家が、自分の農地を使ってくれ、米を作ってくれといって農地を提供してくれる事例もある。広い農地を確保することはそれほど難しくはない。だが広い農地では機械や肥料や資材の増加も伴う。農地の周りの草刈やイノシシ、鹿、猿、ハクビシンといった動物の侵入対策も増加する。稲作をするなら水路の維持にも時間や費用が掛かる。農業には植付け期や収穫期に作業が集中するという特徴がある。いくら素晴らしい実りを迎えても、収穫と出荷、販売が首尾よく行われなければ収入を得ることは出来ない。これらは人手を必要とするが、周りに人はいなくて人手の確保は困難である。人手の確保の代わりに機械化を進めることが多いが、これには資金が必要になる。農業を目指せば、次から次へと新たな課題が発生し、解決しても解決しても新たな課題が生まれてくる。農業を始めることは、戦後、担い手を著しく減らしてきた日本の農業のまっただ中に飛び込むことであり、同じ困難を引き受けることである。それでも、人間は食料なしで生きることは出来ないから、農業に使命はあると考え、そこに身をささげようと考えるのであれば、それなりの策をもって臨むことが必要である。困難な農業に取り組もうとする人は、今に始まったことではなく、これまでも多くの試みがあったが、地方や農村の過疎化、人口減少、疲弊を留める程の効果は無かった。だから、これから臨む人は、これまでの試みをはるかに超える独自の策をもって臨むことが必要である。私自身は、Ｊターンするときに、そのような策を全く持っていないことを自覚していたので、生活がかかる農業を選ばず、自給の為の農業をしてきたのである。

(7) 地方で楽しく暮らす為に肝心なこと

大都市の住民が田舎や地方に移住することが困難であることばかり強調してきたが、この移住は誰がやっても無理なのだということを言いたくて述べているのではない。成功する人もいるのである。どうすればいいのか。

私が思うのは、田舎から大都市、首都圏に移住する人の考え方や生き方は日本人の多数派の考え方や生き方であり、逆に大都市から地方、田舎に移住しようとする考え方や生き方は少数派のものであるという自覚を持つことが第一である。そして、世の中は多数派に都合よく出来ているということである。さらに大事なことは多数派に都合よく出来ていることに不満を持つとか、批判してみても何の意味もないということである。世の中が多数派に都合よく作られるのは当然のことであり、なんら間違ってはいない。少数派に都合よく作られるとそれこそが間違っているのである。都会よりも田舎が自分の人生にとって良いところであるという考え方が多数派になれば、東京一極集中は無くなる。日本人の多数がそのように考えないから地方が過疎化し、首都圏の人口が増え続けているのである。従って、地方への移住を考える者は、自分の考え方が珍しいものであり、その実現には困難が付きまとい、国や自治体や企業、団体等の支援があるように見えても、都市に向かう人のそれに比べるとずっと少なく、従って自分のことは自分でやるほかはないのだという自覚を持つことが必要である。つまり、甘えを無くし、自分の足で立ち、自分の意思で物事を決定していくという生き方を貫くことが肝心なのである。この腹構えがあれば、田舎や地方でも暮らすのに困ることはない。田舎は昔から多くの人々が住んでいた場所であるから、人が生きられないところではない。

都会に住んでいる人も、何の努力もせず、特技も能力も資金も人脈も持たずに生きている訳ではない。体を壊したり過労死する程働き、他人以上の努力に心掛け、すぐれた能力、技術、技能、特技、知識、資金、人脈などをもって働いているのである。だから、地方においても自分が持っている能力、技術、技能、特技、知識、資金、人脈などを十分に生かして、生活に必要な収入を得られるように自分の仕事や暮らしを設計するのは当たり前である。それが出来さえすれば山の中でカフェや蕎麦屋を開いても、遠くの都市から人が探してやってくることさえある。インターネットの発達によって、地方に住んでいてもパソコンを使って仕事をする人もある。自分が持っている能力、技術、技能、特技、知識、資金、人脈などをよく自覚してそれを生かし、また自分の弱いところをよく自覚してその補強が出来ればよいだけである。自分に関することは自分にしか分からない。人に相談しても、人はそれには答えられない。自分のことだから、人に相談する必要はないのである。自分に関わることはすべて自分の五感と心によって捉えることができる。人は、毎日何百、何千、何万という判断と決定をして生きている。これは誰でもそうである。自分で判断、決定をせずには人は一日も生きられず、判断、決定は誰にでもできることである。自分ができることをやり、できないことは避け、できないことをできるように努め、できることを積み上げていきさえすれば、人は安全に、不足することなく生きていくことが出来る。無理なことをやりさえしなければ、人は安全に生きていくことが出来るのである。人が失敗するのは、できないことをやろうとするからである。失敗してはならないところでは、できないことをせず、できないことは失敗してもよいところでやるべきなのである。決して背伸びをせず、身の程を知り、身の丈にあった欲望を身の丈にあったやり方でやりさえすればよいのである。

自分が初めて住む地域で、やったことの無いことを、借金したり、補助を受けたりしてうまくやっていけるのかということを自問してみれば、普通は困難だという答えが出てくる。それでも、やってみるのは自由だが、それは冒険である。自分が得意なことでも、地域によってはそれが生かせないこともある。そのような地域を選択してはならないことを何か説明する必要があるだろうか。世の中ではところ構わず「がんばれ！　頑張れ！」という声がよく聞こえる。失敗してもよいところでは、頑張ってやってみたらよい。しかし、失敗したら致命傷を負うような場面では頑張ってはならないのである。不得手なことや不効率なことを頑張ってやるより、得意なことや効率の良いやり方を平常心でやっていくことの方が、はるかに大きな成果を出すことができる。不得手なことや不効率なことを克服したければ、確実な成果を必要とする仕事や暮らしの場面ではなく、趣味や遊びのなかでやればよいだけである。そうすればいつか得意に変わり、効率も上がってくる。そうしてから仕事や暮らしの中で生かすようにすればよいのである。私が松山に移住した直後、近くで新しい家を建て、うどん屋開店の旗を掲げた人がいた。しかし、なかなか開店せず、ついに開店することはなかった。この人は店を先に建て、うどんの修業をしていたのだが、開店に至る腕前を持つことが出来なかったのである。金のかかる店を準備する前に、うどんの修業を終えるべきだったのだ。

都会から、田舎に移住して、優雅な暮らしをしたいなら、得意な仕事を作り、資金をつくり、情報をしっかり集め、自分の得意な仕事が生かせる地域を選び、仕事や暮らしを成りたたしめることに四苦八苦しなくてよいように十分な準備をしておくべきなのだ。都市に比べてチャンスが圧倒的に少ない田舎に行き、仕事や生活に追われる暮らしをするのなら、その移住に何の意味があるのか。

都会で田舎暮らしを夢見たり、田舎で夢を追うことは、その人の自由ではあるが、田舎で都会暮らしの夢を見たり、都会で夢を追うこととは全く違うのだ。都会では夢を追っていてもなんとかなるが、田舎では現実を見つめ、現実的に対応することが必要なのである。どこにいても、夢を持って生きることは構わないが、チャンスや選択肢の少ないところで夢を追い続けることはみじめな結果につながりやすい。

戦後の人々の移住によって、様々な居住圏が出来た。最も大きな東京を中心とする首都圏、そして名古屋、大阪、福岡などの大都市圏、県庁所在地としての中都市圏、地方の小都市圏、地方の町、地方の農山漁村の集落という風に、人々の居住圏にはいくつかのタイプがある。通常、居住圏が大きいほどビジネスチャンスが多く、周りの居住圏からの人口流入が多く、物資の流入も多い。交通網も発達している。だから、より大きな居住圏への移住が一般的には欲望が実現しやすいのである。より小さい居住圏では人口流入は少なく、物資の流入が少なく、交通網も発達しにくく、発達してもより大きな居住圏に住む人間に有利に働くのである。

このように見てみると、大きな居住圏に住む方が絶対良いというように見えてしまうが、それは人が欲望の追及を自分の人生ととらえているからである。自分の人生を欲望の追求から解放しさえすれば、より小さな居住圏でも人は楽しく暮らしていくことが出来るのである。大きな居住圏にはビジネスチャンスが確かに多いがリスクも大きい。大きな仕事に取り組めば、大きな金が必要になり、多くの時間を費やし、ほころびが出来ないようにすることが必要になる。その仕事で多くの利益や資産を得ることもできるが、人が楽しく暮らすのに必要な利益や資産を超えてしまうと、今度はその利益や資産が失われないようにすることが必要になりさらに忙しい暮らしになる。

だから、自分にとって何が不可欠であり、何が無用のものかということを明確にして、要らない努力、要らない労力、要らない資金、要らない時間などを明確にしさえすれば、より小さな居住圏に移住しても困ることはないのである。このことが出来さえすれば、地方移住には国や行政などの支援や補助は必要が無い。支援や補助が必要になるのは、移住者が田舎暮らしにおいても欲望を追いかけているときである。移住者が欲望を追っている限り、その人に安らかな日々は来ないし、支援や補助も必要であり続ける。

もともと、人々が大都市をめざし、地方の暮らしを捨てていったのは、欲望を追い求めたからである。地方が過疎化したのは欲望を追ったからである。近代化とは、そして資本主義とは人々が欲望を追い続けることを是とすることだからである。

社会の大勢がそうである以上、それはそれとして認めるしかない。そして、個人がそこに自分の幸福、満足を感じ取ることが出来るのであれば、それでよしとする他はない。しかし、そこに自分の幸福、満足を感じ取ることができない者は、自分の生き方を自分で作り出す他はない。近代化された社会は、個人が法に触れない限りでどのような生き方、個人の幸福を追求しようと自由であるということでもある。自分の幸福、自分の満足のために何を求め、何を捨て、何をしようとし、何をしないか、それはそれぞれの個人自らが決めることである。自らの人生を自ら設計し、淡々とその道を歩むことが出来れば、多数の人々が捨てていった地方においても幸福な日々を送ることは出来る訳である。

最後に

「⑴　何故「移住論」なのか？」の中で「私には、個人の意思で行われる移住に関して特に異論はないが、行政が関わることには違和感がある。」と書いた。そのことについて、述べておきたい。

私の認識では、今日の地方、農山村地域の過疎化や疲弊についてその全てではないが大きな責任が地方行政にもあると思っている。過疎化や疲弊が何に由来するのか明確にしないまま移住者を呼び込めばいいというものではない。地方の人口が減り、地域に残った人々の負担が増えたり、自治体の負担が増えたりしているという事情はあろう。自治体の存続そのものに危機感をもっているとも言われている。だから、移住者を呼び込もうとする地方自治体が出てくるのである。それ故、私には違和感があるのである。都市に住む移住希望者が持っている移住の意図と、取り込もうとする地方行政の意図とは全く別のものであることが明らかだからだ。支援とか、補助とか、相談とかという言葉のひびきは良い。だが、支援とか補助とか相談は移住者のためだと言っても、支援や補助には受けられる基準があり、相談は誘導につながる。それは枷にもなるのである。

移住者も大都市の暮らしを捨てて、地方で暮らしたいと思うのならば、まずはしっかりと準備をすることである。移住の目的を明確にし、他人や地方自治体の支援や補助に頼らなくてよいように地方で出来る仕事を身に付け、資金を作り、自分で必要な情報を集め、自分で精査し、自分で判断し、自分で決定することだ。自分のことは自分でやることが愁いのない暮らしを実現することになるからである。暮らしの本質は自立であり、他者への依存は暮らしとは言えない。また、支援や補助には金がかかる。それは国や地方自治体に負担を与えることである。自分でするべき判断や決定を行政に委ねた者であっても、移住後にはやがて他の住民と同じ扱いになる。いつまでもお客さん扱いはしてくれない。

自分のことは自分で判断し、自分が決定するという全く当たり前のことに不安を抱く必要はない。誰の人生にも岐路がいくつもある。岐路に立って、右に行くか左に行くか、それとも戻るか、絶えず判断しながら生きている。時々、人は岐路に佇み不安を抱くが、本当は迷う必要などないのである。右に行こうが、左に行こうが都合の良いことも悪いこともある。自分の気分に任せて選べばよいのだ。どうせ、どちらを選んでも再び次の問題が迫り、新たな判断が必要になる。そしてそこでもどちらを選んでもよいのだ。自分で判断し、自分で決めたことはその結果も責任も自分のものである。昔、唐代の禅僧であった臨済は「随処に主となれば、立処皆な真なり」といった。「どこででも自ら主人公となればその場その場が真実だ」と言ったのである。それに続けて「但有る（あらゆる）来者は、皆な受くることを得ざれ」と言った。「外からやって来る物は、すべて受け付けてはならぬ」と言ったのである（注1）。この言葉を体得することが出来れば、人生にはさほど怖いものはなく、自適すなわちその場その場を「何物にも束縛されず心のままに楽しむこと」（注2）ができ、満ち足りた暮らしを実現することが出来るのである。これが私の暮らしを自適農と名付けた理由である。

（注1）岩波文庫『臨済録』入矢義高訳注から
（注2）岩波書店『広辞苑第2版補訂版』

補稿

メロンの無農薬栽培について

二〇一三年七月に出版した『自適農の無農薬栽培』（創風社出版）の中で、私にとって「無農薬栽培の見通しが立っていない作物」として、アールスメロン、つまりネットメロン、マスクメロンを取り上げました。そして、「二つの理由により、露地栽培は極めて難しい。ハウスの中で栽培すれば一つ目の問題は比較的簡単に解決すると考えられるが、これまでのところハウス栽培は経験していない。私の今後の課題である。」と書きました。

このときまでのメロン栽培における私にとっての困難は、露地で栽培した場合、雨が降ると実が割れて腐敗してしまうということでした。それとともに、ウドンコ病が発生しやすいということです。

自適農無農薬栽培は、作物にとって、より良い環境に修正・是正するとか、より良いタイミングを選択するといった方法によって、農薬なしでもしっかり収穫を確保するというものです。より良い環境を作物に与えるために、できるだけ安価な方法で資材を利用することもあるわけです。

そういう観点にたって、農薬を一切使わないで、ミニハウスでの植木鉢栽培と、ミカン畑跡地でのトンネル栽培を二〇一六年と二〇一七年（今年）にやってみました。

六種類の品種で作ってみましたが、結果は私にとっては十分に満足できるものとなりました。

ミニハウス内での植木鉢栽培

ミカン畑跡地でのトンネル栽培

植木鉢でできたメロン

植木鉢に植え付けた十五本の全ての株で、一本も失敗することなく、写真のような綺麗な実を作ることができました。糖度もかなりあります。

植木鉢栽培では、九号か十号の鉢を使い、土は畑の土と植物分解土肥（注）を二対一くらいの割合で八分目くらい入れて苗を植え付けます。鉢には皿を敷いて常時水を入れておきます。実は一株一個だけ育てます。綺麗な実にするため、実は上から紐で吊るします。ハウス内で植木鉢栽培にする利点は、雨を完全に避けることができ、皿に常時水を入れておくことで水分補給に伴うムラを完全に無くすことができるということです。常時水を与えていれば実が割れることは無くなります。土が乾燥しているところへ多量の水を与えると割れます。畑の土と植物分解土肥を合わせて使う利点は、畑の土だけでは根腐れを起こして枯れることがありますが、これを防ぐ効果が高いということです。植木鉢栽培では、九百グラムから、一・二キロ程度の実が採れますが、一株に二個生らせると小さな実になります。生育中に葉が黄みを帯びてくるようなときには、植物分解土肥と有機配合肥料などを与えます。

トンネル栽培では、黒マルチで畑を覆い、植え穴にはたっぷり植物分解土肥を入れて苗を植え付けます。苗を植え付けたら、虫や鳥や動物の被害を防ぐための防虫ネットを掛け、その上にトンネル用のビニールを掛けます。トンネル内の温度はビニールのすかし具合で調整します。実が黒マルチの上に転がる格好になりますが、転がしたままにしておくと表面にムラのある実になってしまいます。時々向きや場所をずらしてやる必要がありますが、最も良いのは実を上から吊るす工夫をすることです。トンネル栽培では一株に三、四個生らせることができます。実の大きさは二キロ超のものまで収穫できます。

メロンの無農薬栽培を容易にするには、品種を選ぶことが効果的です。花が咲いてから収穫まで百日を要するような品種もありますが、五十日程度で収穫できるものもあります。植木鉢栽培では五十〜六十日程度のものを選ぶ方が無難です。ウリ科の植物では、ウドンコ病がよく発生しますが、ウドンコ病に対する耐性のある品種とそうでない品種が販売されています。無農薬栽培では耐性のある品種を選ぶのが無難ですが、植物分解土肥をしっかり入れた土では耐性がない品種でも作ることができます。梅雨時にウドンコ病にかかっても農薬なしで、梅雨明けから生き生きと新しい葉を広げて実をつけるものもあります。

（注）植物分解土肥『自適農の無農薬栽培』（創風社出版、西山敬三著）92頁から103頁を参照。

著者プロフィール
西山　敬三（にしやま けいぞう）
昭和48年3月　愛媛大学法文学部卒業
昭和49年10月から平成元年2月まで東京土建一般労働組合常任書記
平成2年4月から21年9月まで㈱クロス・サービス勤務
平成24年3月愛媛大学地域再生マネージャー
平成29年3月愛媛大学社会共創クリエイター

著書　『自適農の無農薬栽培』（創風社出版　平成25年）

ホームページ公開レポート
福岡正信の自然農法と茅茫庵
（http://www.netwave.or.jp/~n-keizo/fukuoka1.htm）
自適農とは何か（http://boubouan.ec-net.jp/）

自適農の地方移住論
－Ｊターン28年の暮らしから－

2017年9月22日発行　　定価＊本体1500円＋税
著　者　西 山　敬 三
発行者　大 早　友 章
発行所　創 風 社 出 版
〒791-8068 愛媛県松山市みどりヶ丘９－８
TEL.089-953-3153 FAX.089-953-3103
振替 01630-7-14660 http://www.soufusha.jp/
印刷　明星印刷工業株式会社

ISBN978-4-86037-254-5